JN215727

Introducing Ethereum and Solidity: Foundations of Cryptocurrency and Blockchain Programming for Beginners

impress top gear

Web3.0を切り拓く
ブロックチェーンの思想と技術

[イーサリアム] + [ソリディティ]

Ethereum+ Solidity入門

Chris Dannen = 著
ウイリング = 訳
ICOVO AG = 監訳

インプレス

■正誤表について

正誤表を掲載した場合は、下記 URL のページに表示されます。
https://book.impress.co.jp/books/1118101033

※本書の内容のほとんどは原著発売時点の情報に基づいています。本書で紹介した製品／サービスなどの名前や内容は変更される可能性があります。
※本書の内容に基づく実施・運用において発生したいかなる損害も、著者、訳者、株式会社インプレスは一切の責任を負いません。
※本文中に登場する会社名、製品名、サービス名は、各社の登録商標または商標です。
※本文中では ®、TM、© マークは明記しておりません。

Many thanks to Brandon Buchanan, Christopher McClellan,
Dr. Solomon Lederer, and the entire Iterative Instinct team
for their support and enthusiasm. Thanks also to
Joseph Lubin and the team at ConsenSys for
acting as a sounding board during
the writing of this book.

ブランドン・ブキャナン氏、クリストファー・マクレラン氏、
ソロモン・レーデラー博士、Iterative Instinctチーム全員の
サポートと熱意に多大な謝意を表する。
また、ジョセフ・ルービン氏とConsenSysチームに感謝する。
本書の執筆中、さまざまな助言をいただいた。

著者紹介

クリス・ダネンは、暗号通貨取引とシードステージのベンチャー投資に焦点を当てたハイブリッドな投資ファンドIterative Instinctのパートナー兼創立者である。最初は、マイナーとしてビットコインとイーサリアムで作業することから始めた。その後は次第に、スマートコントラクトをどのように使用すればビジネスロジックを自動化し、ソフトウェアで新たな経験を作り出すことができるかということに熱中していった。かつては、フォーチュン500企業の企業戦略家であった。Objective-CとJavaScriptを独学で習得するほか、コンピューターハードウェアの特許を1つ保有している。本書は、同氏による4冊目の著作に当たる。旅行が大好きで、これまで20か国を訪れた。30日かけてローマからバルセロナまで自転車で縦断、6時間かからずに富士山に登頂したこともある。以前はFast Companyの編集主任、今はQuartzやBloombergなど主要な出版社の技術コンテンツの相談役を担っている。バージニア大学卒で、現在ニューヨークに暮らす。

テクニカルレビューアー紹介

マッシモ・ナルドーネは、セキュリティ、ウェブ／モバイル開発、クラウドアーキテクチャー、ITアーキテクチャーの分野で22年を超える経験がある。特にセキュリティとAndroidに対して情熱を持って取り組んでいる。20年以上にわたってAndroid、Perl、PHP、Java、Visual Basic、Python、C/C++、MySQLで自らプログラミングもすれば、プログラミングの方法を教えてもいる。イタリアのサレルノ大学でコンピューターサイエンスの理学士号を取得している。

長年、プロジェクトマネージャー、ソフトウェアエンジニア、リサーチエンジニア、チーフセキュリティアーキテクト、情報セキュリティマネージャー、PCI/SCADA監査役、ITセキュリティ／クラウド／SCADAシニアリーダーアーキテクトとして働いている。技術スキルの守備範囲は幅広く、セキュリティ、Android、クラウド、Java、MySQL、Drupal、COBOL、Perl、ウェブとモバイル開発、MongoDB、D3、Joomla、Couchbase、C/C++、WebGL、Python、Pro Rails、Django CMS、Jekyll、Scratchなど。現在は、Cargotec Oyjの最高情報セキュリティ責任者（CISO）である。

かつては、ヘルシンキ工科大学（アールト大学）のネットワーク研究所で客員講師と実習監督者を務めていた。国際特許を4つ（PKI、SIP、SAML、プロキシの分野）保有している。

これまでさまざまな出版社のIT関連書籍を40冊以上レビューし、『Pro Android Games』（Apress、2015年）の共著者でもある。

◉第1章　イーサリアムはなぜ経済を作るのか

◉第8章 分散型アプリケーションのデプロイ

◉第9章 プライベートチェーンとパブリックチェーン

◉第10章 イーサリアムの応用領域

第1章

イーサリアムは
なぜ経済を作るのか

ブロックチェーンの世界は動きが激しく、
付いていくのは容易ではない。本書はそのガイドとなるものである。
具体的な説明に入る前に、
全体概念をつかむための重要な用語と考え方を解説する。

ブロックチェーンは、完全分散型のピア・ツー・ピアソフトウェアネットワークである。「暗号化」を使用して、安全にアプリケーションをホスティングし、データを格納し、実世界のお金と同じ価値を持つデジタル証書を容易に転送することができる。

暗号化とは、メッセージをコード化して通信する技術のことだ。ビットコインとイーサリアムでは、暗号化を使用して数千もの同じようなマシンから1つのセキュアなコンピューティング環境を作り出す。ここには中央集権的な管理者も1人の所有者も介在しない。こうした可能性を秘めているからであろう。ブロックチェーンにはさまざまな憶測が飛び交い、誇大に宣伝され、混乱が生じ、今後の展開が予想されている。そんな技術は過去に例がないだろう。

一口に「イーサリアム」と言っても、その表すものは3つある。「イーサリアムプロトコル」、そのプロトコルを使用したコンピューターで構成される「イーサリアムネットワーク」、この2つの開発に資金を提供する「イーサリアムプロジェクト」の3つである。

ビットコインの後を受けて登場したイーサリアムは、独自の複雑な体系を形成し、業種を問わず多くの熱狂的信奉者やエンジニアを惹き付けている。文明社会には、ある種の欠陥がなかなか消えずに残っている。ブロックチェーンのキラーアプリが対象にするのは、そうした欠陥だ。イーサリアムプロトコル（ビットコインから派生して拡張されたもの）は、そうした「分散型」アプリが動作するネットワークであると言える。そして今こそ、開発者や設計者、プロダクトマネージャーがイーサリアムネットワーク用アプリケーションの試作版を作る絶好のタイミングである。

1.1 ブロックチェーンの知識ギャップを埋める

ブロックチェーンのシステム、特にイーサリアムに関心を寄せる人たちは、大きく2つに分けられる。まず、アプリケーション開発者は、製品とサービスの構築に関心を持っている。ノンプログラマーは、イーサリアムの秘めた可能性に強い興味を抱いている。仕事の関係で興味を持つようになった人もいれば、金融サービスやコンサルティング、保険、法律、ゲーム制作、行政、物流、製品設計、ITへの関心などから興味を持つようになった人もいる。[※1] その背景から、本書も同じく学際的な内容になっている。何をどのように構築するのか、そのアイデアを形にできるよう、状況に応じてプログラマーにもノンプログラマーにも参考になる情報を提供している。コンピューターサイエンス、経済学、金融サービス、銀行取引履歴（必要な場合）間の知識のギャップを埋めることを意識した内容になっている。

プログラマーにとってイーサリアムのコードが問題になることはあまりな

※1 Ethereum Blog（イーサリアムブログ）、「Visions, Part 1: The Value of Blockchain Technology（ビジョン、第1部:ブロックチェーン技術の価値）」、https://blog.ethereum.org/2015/04/13/visions-part-1-the-value-of-blockchain-technology/、2015。

い。他の環境ですでにプログラミングしたことがある人にとっては、ほとんどのオープンソースソフトウェアプロジェクトと同じく、取っかかりとなるものが用意されているからだ。課題となるのはもっぱら「クリプトエコノミクス」という概念である。ネットワークをセキュアにするインセンティブと非インセンティブの体系で覆われ、中身が見えなくなってしまっているのだ。

一方、ノンプログラマーにとっての課題は、エコシステムがどのように成長し、その成長に自分がどのように適合するかを正しく見定めることである。ブロックチェーンは銀行制度を刷新し、保険に革命をもたらし、偽造を防止すると言われている。この主張は誇張かもしれないが、それはどの程度の誇張なのだろうか。※2

1.2 イーサリアムが実現するもの

簡単に言えば、イーサリアムやビットコインなどのオープンソースのブロックチェーンネットワークは、ソフトウェアで経済システムを作り出すキットである。アカウントを管理する機能と、アカウント間の「ネイティブ交換単位」を備えている。モノポリーというゲームのようなものである。ネイティブ交換単位はコインとかトークンとか暗号通貨とか呼ばれているが、他のシステムのトークンと同じく、そのシステム内でのみ使用できるお金の一形態（スクリップ）である。

ブロックチェーンはメッシュネットワークやローカルエリアネットワーク（LAN）のように機能し、単に同じソフトウェアを実行している他の「ピア」コンピューターに接続されているだけである。このようなピア・ツー・ピア（P2P）ネットワークのいずれかにウェブブラウザーからアクセスできるよう

※2　American Banker（アメリカンバンカー）「Blockchain Won't Make Banks Any Nimbler（ブロックチェーンが登場したからといって銀行の対応は少しも早くならない）」、https://www.americanbanker.com/opinion/blockchain-wont-make-banks-any-nimbler、2016。

にすることもできる。そのためには、Web3.jsなどの特別なソフトウェアライブラリーを使用して、アプリケーションのフロントエンド（ブラウザーのGUI）をJavaScript API経由でバックエンド（ブロックチェーン）に接続する必要がある。

イーサリアムではこの概念をさらに一歩進め、システム内の他のユーザーとの金融契約を簡単に作成できる。このような契約は「スマートコントラクト」と呼ばれる。

> ――― その鍵となる要素は、チューリング完全なブロックチェーンという考えである。データ構造としては、ビットコインと同じように機能するが、イーサリアムには組み込みのプログラミング言語があるという点が異なる。
>
> ヴィタリック・ブテリン、イーサリアム考案者 ※3

イーサリアムでは、スマートコントラクトをSolidity（ソリディティ）というプログラミング言語で作成する。この言語については、第4章で説明する。チューリング完全性には多くの開発者がすぐに理解できるという利点があったが、それよりも重要なのは、イーサリアムがステートフルであるということである。コンピューティングにおけるステートフルシステムとは、情報の変更を検出し、それを長期間にわたって記憶できるシステムと定義できる。

ハードウェアドライブがないコンピューターを想像してみよう。そんなコンピューターでできることは限られている。電卓と一緒で、メモリーの内容はすぐに消えてなくなる。それでも将来、特定の条件の下でユーザー間のやり取りをうまく処理できるようになれば、ブロックチェーンにとって強力な付加価値となる。そうなれば、開発者は暗号通貨トランザクションのプログラミングに制御フローを導入できる。これは、イーサリアムとビットコインとの最

※3 YouTube、「Technologies That Will Decentralize the World（世界を分散化する技術）」

大の違いであるが、唯一の違いではない。この点については、後で説明する。

NOTE

制御フローとは、演算命令を実行または評価する順序のことである。たとえば、条件文(if this, then that)やループ(特定の条件が満たされるまで、繰り返し実行する)である。

ビットコインでは、すべてのトランザクションが即座に実行される。ビットコインにはステートフルではないため、トランザクションをすべて一括して実行する必要があるのだ。ビットコインの作成者が思い描いていたように、ブロックチェーンは全員のビットコイン残高の途中集計をネットワークに保持する分散型のトランザクション台帳である(細かいことだが、ネットワークとしてのビットコインはBitcoinとBを大文字で表し、トークンとしてのビットコインはbitcoinと小文字で表す)。イーサリアムでは、類似するシステムを標準化された方法で拡張できる。

また、この共通のスクリプト言語により、イーサリアムプロトコルを共有するブロックチェーン同士でデータを共有するのが簡単になり、別個のブロックチェーンを使用するグループ同士で情報や価値を共有できるようになる。

◆プロトコルとは何か

ソフトウェアを開発するのが初めてなら、以下の説明を参照のこと。情報技術(IT)について10秒で学ぶことができる。ITは、情報を格納、編集、取得、送信するためにコンピューターシステムを研究する分野であると定義できる。[※4] 内部や外部の変化を反映するために、その情報を長期間にわたってどのように表現し更新す

※4 Harvard Business Review(ハーバードビジネスレビュー)、「Management in the 1980s(1980年代の管理)」、https://hbr.org/1958/11/management-in-the-1980s、1958。

るかは、使用している技術システムによって異なる。
電気通信の文脈におけるプロトコルとは、コンピューター(およびそのプログラマー)をシステムやネットワークにどのように接続して参加させ、情報を送信させるかを示すルール体系のことである。ルールでは、システムが想定するコードの構文と意味を定義する。また、ハードウェア、ソフトウェア、平易な言葉による指示を含めることができる。イーサリアム用に特別なハードウェアは必要なく、ソフトウェアは完全に無料である。イーサリアムでは、プロトコルは分散型アプリケーションの構築を目的とし、開発時間の短縮、セキュリティ、双方向性に主眼を置いている。

1.3 ブロックチェーンを構成する3つの要素

ブロックチェーンは、多くのコンピューターに分散または複製されるデータベースであると考えることができる。ブロックチェーンという言葉で表されるイノベーションは、このネットワークデータベースが実現する特異な機能にある。これは、ネットワーク上のいくつかのノード間でトランザクションの受信順序が異なっても、トランザクション順序を調整できるというものだ。

トランザクションの受信順序が異なるのは、通常、物理的な距離のためにネットワーク遅延が発生するからだ。たとえば、東京でホットドッグを購入しようとするユーザーが作成したトランザクションは、まず日本国内のノードに送られる。ニューヨークのノードがこのトランザクションの情報を取得するのは数ミリ秒後。その間に近くのブルックリンでのトランザクションが東京でのトランザクションよりも「前に」入り込む。分散システムでは各個の視点によってこのような不整合が生じるために、分散システムの規模の拡大が難しくなっている。ブロックチェーンシステムの強みは、問題解決のために導入できるさまざまな技術を組み合わせていることにある。

ブロックチェーンと広く呼ばれているものは、実際には3つの技術を組み合わせたものである。組み合わせのレシピを調合したのは、ビットコインの匿名の作成者である。その3つの技術は以下のとおりである。

1. ピア・ツー・ピアネットワーキング:BitTorrentネットワークのようなコンピューターグループで、単一の中央集権的なサービスを利用しなくてもコンピューター間で通信できる。このため、単一障害点が存在しない。

2. 非対称暗号(公開鍵暗号):このようなコンピューターが特定の受信者に対して暗号化されたメッセージを送信するための手段である。誰でも送信者の真正性を検証できるが、目的の受信者だけがメッセージの内容を読むことができる。ビットコインとイーサリアムでは、非対称暗号(公開鍵暗号)を使用して自分のアカウントに対する一連の資格証明情報を作成する。これで、本人だけが自分のトークンを転送できるようになる。

3. 暗号学的ハッシュ:データの一意の小さな「指紋」を生成する手段で、大規模なデータセットをすばやく比較できる。また、データが改ざんされていないことを検証するセキュアな方法でもある。ビットコインとイーサリアムのどちらも、マークルツリーデータ構造を使用して、トランザクションの正規順序を記録する。その後、データはハッシュ化されて「指紋」になり、コンピューターはそれに基づいて比較を行うことができる。その結果から、コンピューター間ですばやく同期を取ることができる。※5

この3つの要素の組み合わせは、1990年代から2000年代初めに電子マネーで培われた経験から生まれたものである。アダム・バック氏が2002年にHashcashをリリースし、これがマイニングを使用してトランザクションを送信する先駆けとなった。サトシ・ナカモト(仮名)氏が、2009年にビットコインを作成して、このイノベーションに分散型のコンセンサスを

※5　ウィキペディア、「Merkle tree(マークル木)」、https://en.wikipedia.org/wiki/Merkle_tree、2016。

追加した。

以上のように、3つの要素はネットワークのノードに分散されて格納される簡単なデータベースによく似ている。アリの集団がうまくできたコロニーを構成しているように、ビットコインはマシンであると考えることができる。コンピューティングの用語で言えば、仮想マシンである。詳細は後の章で説明する。

イーサリアムは、ビットコイン仮想マシンによって確立されたパラダイムにコンピューターサイエンスでいうトラストフルなグローバルオブジェクトフレームワークメッセージングシステムを付加する。イーサリアムが最初に提案されたのは、2014年の「Ethereum White Paper(イーサリアムホワイトペーパー)」であった。※6

▶1.3.1 イーサリアムが前提とする多くのチェーン

今日私たちが知っているビットコインが、ビットコインソフトウェアを大規模に展開した唯一のものではない。たとえば、ライトコインもビットコインソフトウェアを使用しているが、機能が大きく拡張されている。イーサリアムの構築にあたっては、模倣者が現れるのは避けられないことなので、ブロックチェーンが多数存在しうることを前提とした。そのため、それらが相互に通信できるプロトコル群が導入されているはずだ。

NOTE

イーサリアムプロトコルを使用する際には、経済の概念とプログラミングの概念の両方の知識があると役に立つ。本書では、必要に応じて両方の定義を示す。

※6 GitHub、「Ethereum White Paper(イーサリアムホワイトペーパー)」、https://github.com/ethereum/wiki/wiki/White-Paper、2014。

イーサリアムの作成者の観点は、ビットコインの作成者と根本的に異なる。明言してはいないが、イーサリアムでは、暗号通貨が存在するなら今後1つの分散システムにはならないという立場である。複数の分散システムからなる分散ネットワークになると考えたのだ。さまざまな目的と解釈を持つ有益な暗号トークンが迅速かつ容易に定義でき、次々と生み出されていくというわけである。

▶1.3.2 これは詐欺だ、ビットコインも同じ！

現在金融サービス業で働いている人や過去に経済を勉強したことがある人が、グーグルで詳しい情報を検索したとしよう。その結果、ビットコインは基本的にグローバルなネズミ講であると結論付けてしまう可能性がある。ここでは、その問題を解決しよう。

その結論の半分は正しい。ビットコインの価値はビットコインの市場によって決まる。ビットコインを保有する特定の団体が各国で送金ライセンスを取得しているのは確かである。ビットコインは、その団体のところで米ドルやユーロ、金、その他の法定通貨に交換する。しかし、そうした団体は手数料を徴収する民間業者であり、いつ廃業するともわからない。

そのため、ビットコインとそのネットワークは脆弱だと言われるが、それは「最後の交換者」が存在しないという限りにおいてである。最後の交換者とは、将来ビットコインやイーサを米ドルに交換してくれる信頼できる団体（行政機関や企業）のことだ。民間の両替業者に手数料を支払うのが嫌なら、ビットコインを実際に価値あるものに変えるための選択肢は1つしかない。オンラインの交換所に接続して、ビットコインを法定通貨に交換し、別の買い手を見つけることだ。

ビットコインネットワークがビットコイントークンを移動するのと同じく、イーサリアムネットワークはイーサトークンを移動する。イーサは、ビットコインとは動作が異なる。これから見ていくように、より正確に言えば通貨というよりも暗号商品である。ここでは、イーサリアム経済がその基礎となる技術にどのように関連しているかを見ていく。

1.4 通貨や商品・サービスとしてのイーサ

ビットコインの価値には裏付けがないとよく言われるが、それは本当である。もちろん、現代の法定通貨も裏で支えているものはない。しかし、両者は異なる。法定通貨は政府の承認を得ており、納税者や国債購入者なら誰でも保有している。一部の国際商品(たとえば、石油)の販売はドル建てであり、そのことがドル保有の新たな理由となっている。

暗号通貨の導入にはまだ課題が残っている。今日、これらのデジタルトークンは、既存のフラットな貨幣制度の上に形成された高速かつセキュアな公共の支払いレイヤーだ。試験的な導入と言ってよいものだが、いつか成長して、今日ものVisaやMasterCardなどの企業で使用される集中管理型の支払いネットワーク技術に取って代わる可能性がある。

信じられないほど可能性は見えている。行政機関と民間の機関投資家が暗号通貨建てによる金融商品と金融サービスの大きな市場を構築し始めたのだ。中央銀行がこの技術を導入する可能性すらある。本書を執筆している時点で、ビットコインソフトウェアを使用してデジタルドルを発行している国が少なくとも1つある(バルバドスだ)。※7 ほかにも、その潜在性を積極的に調査している国がある。

※7 Coindesk(コインデスク)、「Bitt Launches Barbados Dollar on the Blockchain(バルバドスドルがブロックチェーンに進入)」、https://www.coindesk.com/bitt-launches-barbados-dollar-on-the-blockchain-calls-for-bitcoin-unity、2016。

▶1.4.1 グレシャムの法則

金融商品、契約、保険証書などが暗号通貨建てになることが、なぜ問題になるのか。また、それがイーサリアムとどんな関係にあるのか。

多数の有価証券と資産を購入できる通貨は、貯蓄する価値がある通貨である。イーサリアムネットワークでは、将来のイーサの受け渡しを取り決めた自動執行型の金融契約を、信頼できる形で誰でも作成することができる。そうなると、金融契約は遠い将来にまで関わってくる。契約の利害関係者にとっては、イーサで「価値の保存」ができるため、それが使用する理由になる。

もともとは金貨と銀貨に適用されていたグレシャムの法則では、経済において「悪貨」は「良貨」を駆逐するという。つまり、価値の上昇が見込まれる通貨は貯蓄されるが、価値の低下が見込まれる通貨は消費されるということだ。[※8]

この法則の名称は16世紀イギリスの財政顧問の名前に由来するが、その概念は中世の書物や古代の文書にまでさかのぼるようだ。たとえば、アリストパネスの詩「蛙」(紀元前405年頃)には次の記述がある。

> ――― 合金や金や銀でできた、手付かずのコイン、それぞれ見事に鋳造され、それぞれ検査され、澄んだ音を響かせる。それでも我々がそんなコインを使うことはない! そうでないものが人の手から手へと渡っていく…

何万年もの間、人々は労働の成果を通貨代替物に換えて保存してきた。その価値は安定したままであることもあれば、上昇したり暴騰したりすることもある。とはいえ、価値の破壊を招くようなものではなかった。今日、暗

※8 ウィキペディア、「グレシャムの法則」、https://en.wikipedia.org/wiki/Gresham%27s_law、2016。

号通貨の価格は大きく変動する。そのためか、本書を執筆している時点で暗号通貨を受け入れている政府や企業は世界でもほんの一握りだ。また、ビジネスで分散型スマートコントラクトを使用している例もほんのわずかである。しかし、中央銀行発行の法定通貨がたどった歴史も同じようにひどいものである。

バブルや不況になりやすく、市場操作を受けやすい。暗号通貨はいつか実通貨になることができるのか。現在使い慣れている通貨よりも優れたものになるのだろうか。

▶1.4.2 よりよい通貨への道

今日、ビットコイン（BTCというシンボルで表記される）は、個人や政府や企業が送金したり、製品やサービスを購入したりするのに使用されている。ビットコインを送信するたびに、わずかな手数料をビットコイン建てでネットワークに支払う。イーサ（ETHというシンボルで表記される）も同じように使用できる。今後これらがどのような道をたどるのかを理解するには、次のことを知る必要がある。

まず、イーサには別の用途がある。イーサリアムネットワークでプログラムを実行する際の支払いに使用できる。このようなプログラムにより、イーサを今すぐ移動したり、将来のある時点で移動したり、特定の条件が満たされたときに移動したりできる。

イーサは、トランザクション執行の支払いに使用できるため、ある種の商品と考えることもできる。ネットワークでアプリケーションやサービスを実行するための燃料のようなものになる。ビットコインの持つ「価値の保存」機能に加えて、新たな価値の次元を持つのだ。

今日では、法定通貨が圧倒的に使用されている。暗号通貨のほうが悪貨、つまり長期的に見て価値がなくなるというわけだ。それでも、ビットコインとイーサを貯蓄する人々がいるのは周知のとおりだ。本書を執筆している時点で少なくとも1社がビットコインとイーサを信頼して保有している。Digital Currency Groupの子会社、Grayscaleである。一方、西側諸国の中央銀行は、ほぼゼロ金利と量的緩和（マネープリンティングとも呼ばれる）によってインフレとデフレを抑制しようとする、非常に危険で絶望的な試みをしている。

ビットコイン報酬が4年ごとに半分になり、グローバルな金融政策上の課題が浮上し、経済の先行きが不透明で、法定通貨の信頼性が低下する中、潜在的に大量に「蓄えられた」暗号通貨が実需のサービスのために高値で放出されている。これにより、ほとんどの暗号トークンの価格は上昇の一途をたどっている（本書執筆時点）。ただし、日中の価格は大きく変動する。蓄える人と投機する人と消費する人がいて、うまくバランスが取れ、暗号通貨の市場は活況を呈した健全なものになっている。資産クラスとしての暗号トークンは、すでに通貨という目的だけでなくさまざまな目的に適っている。

▶1.4.3 クリプトエコノミクスとセキュリティ

スマートコントラクトを説明する中で通貨と商品・サービスを取り上げているが、その理由の1つは純粋なソフトウェアによる経済システムの構築について自ら考える訓練をするためだ。それがイーサリアムの約束である。

ゲーム理論によるソフトウェアシステムの設計は、「クリプトエコノミクス」という新たな分野を生み出している。これについては、技術レッスンのところで説明する。一見すると簡単に見えるもの（たとえば、株式コイン）をいざコードで表現するとなると、複雑な世界を作り出す。実際、イーサリアムとビットコインのようなシステムを非常にセキュアなものにしているのは、ハッキングを許さない技術に基づいていることではなく、強力な金銭的インセンティブと非インセンティブを利用して悪意のある人を寄せ付けないようにしていることだ。

これらは、エンジニアやソフトウェア設計者なら誰でも興奮せずにはいられない魅力的なバリュープロポジションである。しかし、通貨（またはスクリップ）コインを自力で作り出すことは、エンドユーザー向けアプリケーションにワクワクするのとはまったく別の課題をもたらす。本書では、この課題の両方に対処する。

このソフトウェアが最も明白に応用されているのは金融サービスであるが、将来の応用分野ではまったく別の目的に同じ梃子の力が使用される可能性がある。信用構築、取引、お金、スクリプティングだ。コマンドラインが最終的にはGUIへと導かれ、今やバーチャルリアリティー（VR）アプリケーションとなったように、イーサリアムで何を作成するかを決めるのは自分次第だ。とはいえ、本書ではいくつか例を挙げて説明する。

▶1.4.4 | 古き良き日に戻る

ソフトウェアプログラムを記述するにあたって、ビットコインとイーサリアムがちょっとした複雑さ（経済）をもたらすのは確かである。しかし、ある意味ではより単純になるとも言える。分散型プロトコルを使用するというのは、1970年代のコンピューターを使用するのに似ている。あの時代のコンピューターは、膨大かつ費用のかかる共有リソースであった。個人は、コンピューターを所有する大学や企業から借りていた。イーサリアムネットワークは、1台の大型コンピューターとしてプログラムをロックステップで実行する。他のマシンのネットワークによって「仮想化された」マシンである。イーサリアム仮想マシン（EVM）は多くのプライベートコンピューターで構成され、それ自体が所有者のいない共有コンピューターであると言える。

EVMに対する変更は、ハードフォークによって実現される。ノードオペレーターのコミュニティー全体に対し、新しいバージョンのイーサリアムソフトウェアへのアップグレードを促すというものだ。ネットワークに対する変更は、コア開発チームが簡単に進められるものではない。説得と公開説明という政治的プロセスが伴う。このように所有者のいない構成であるため、不正を働く動機を最小限に抑えつつ、アップタイム（連続して稼働している時間）とセキュリティを最大限に高めることができる。

▶1.4.5 クリプトカオス

この時点で、読者の頭の中はぐるぐる回っているかもしれない。でも心配は無用だ。後の章で詳しく見ていくときに、これまで述べてきた情報に納得するはずだ。おそれることはない。ブロックチェーン開発に初めて触れたときには誰でも圧倒されてしまうものだ。新しい技術で変化が激しく、分散システムのノウハウはほとんどないからだ。

次に何がやってくるのかは誰にもわからないが、ブロックチェーン技術が機能しているのは間違いない。すべての暗号通貨を合わせた時価総額は、260億米ドル超（本書執筆時点）という規模に達している。小売業者は、大小問わずオンラインかオフラインかを問わず、デジタルコインでの支払いを受け入れ始めている（別途規定のある場合を除き、本書で述べる金額はすべて米ドル建てであることに注意）。

そのため、これまでプログラミングしたことがない場合でも、ここで立ち止まらないことだ。イーサリアムプロジェクトは、新しい開発者を念頭に置いて構築されている。古くからの問題をまったく新しい視点から解決するためのツールが用意されている。この強力な新しいツールセットで何を構築するかは、自分次第だ。それをどのように構築するのか、なぜブロックチェーン開発を学ぶ必要があるのか、それが本書の残りの主要なテーマである。

1.5 強みはプロトコルにあり

今日のテクノロジー業界には、アプリケーション層に関するルールがある。すべてのユーザーデータをどこに保持するかというものだ。グーグルやフェイスブックやツイッターなどの数十億ドル規模の企業は、世界中のユーザーグループをサポートするために巨大なインフラストラクチャーを構築している。そのすべてが、Transmission Control Protocol/Internet Protocol（TCP/IP）、Hypertext Transfer Protocol（HTTP）、Simple Mail Transfer Protocol（SMTP）と他の少数のプロトコル上にある。

イーサリアムではビットコインと同じく、アプリケーション層は少なくともこれまでのところ薄くて軽い。代わりにプロトコルが多くのことをやってくれるからだ。実際、多くのビットコインベースの企業が、驚くほど効果的なペイメントネットワークの上の最小限のレイヤーとして存在している。※9

NOTE

時価総額は、組織やエコシステムの価値を評価したものだ。普通株一株の価格（たとえば、1イーサ）に流通している株の数を掛けて算出している。時価総額は、暗号通貨の採用度合いを示す指標として広く引き合いに出される。ただし、マネタリーベースを使用したほうが適切な場合もある。マネタリーベースとは、市中に流通する通貨または通貨を使用する機関が蓄えている通貨の合計金額のことだ。

この結果、非常に多くのベンチャーキャピタリストがほんの5、6年前に予想していたビットコインのスタートアップ時の急騰はやってこなかった。

※9 USV Blog（USVブログ）、「Fat Protocols（ファットプロトコル）」、http://www.usv.com/blog/fat-protocols、2016。

代わりに、ビットコイン業界はあっという間に統合整理されていった。※10 しかし、ネットワークとしてのビットコインの時価総額は10年ほどでほぼ190億ドルに膨れ上がった。イーサリアムの時価総額は、およそ10億ドルである。新たなネットワークプロトコルを自力で作り上げた、これまでになく速い新しい方法である。※11

従来のウェブアプリケーションにはコストがかかる。その主な理由は、ユーザーデータを保存して交換するように設計する必要があり、そのためには不正行為者を分離するシステムを導入して信頼を確保する必要があるからだ。民間のデータセンターの多くは、爆弾に耐える保護された敷地と幾層ものレーザーワイヤーの背後で稼働している。民間のインフラストラクチャーのこのような層が提供するセキュリティをセキュアな分散型ネットワークによって超えることができれば、オンラインビジネスの経営者は間接費を大幅に削減できる。その削減分を顧客に回したら従来のプレーヤーはとまどうはずだ。ブロックチェーンベースのアプリとサービスには破壊的な力がある。それ自体がセキュアな性質であることもあるが、経済的にも自在な規模で動作できるからだ。

▶1.5.1 | 信頼不要のシステムを構築できる

Solidity言語を学び出すと、どのような種類のプログラムを作成すればよいのかと頭を悩ませてしまうはずだ。ここからが本当の学習曲線の始まりである。本書のプロジェクトの目的は、ブロックチェーンが各種ビジネスのエンドユーザー体験をどこからどのように改善したり自動化したりできるのか

※10 Daily Fintech(デイリーフィンテック)、「Bitcoin Market Going into Consolidation Before Product Market Fit(製品市場が適合する前に統合へと向かうビットコイン市場)」、https://dailyfintech.com/2016/02/03/bitcoin-market-going-into-consolidation-before-product-market-fit/、2016。

※11 Coinbase Blog(コインベースブログ)、「App Coins and the Dawn of the Decentralized Business Model(アプリコインと分散型ビジネスモデルの幕開け)」、https://blog.coinbase.com/app-coins-and-the-dawn-of-the-decentralized-business-model-8b8c951e734f 、2016。

を示し、ブロックチェーンによって新しい種類の製品とサービスを作成できることを正確に示すことである。今日銀行が提供する商品とサービスは数千年に及ぶ試行錯誤を経て発展、進化してきたものだが、それが信頼不要（トラストレス）の分散システムまたはセミ分散システムによってどのように変化し、恩恵を享受し、規模を自在に拡大縮小できるのかを見ていく。信頼不要は、「カウンターパーティーが誠実かつ確実に機能するという信用を必要とせず、そのため詐欺やその他のカウンターパーティーリスクとは無縁である」という文脈で使用する。

ウェブには、ソフトウェア開発者がイーサリアムとSolidityを始めるに当たって有用な情報がすでにいくつかある。ただし、そのようなドキュメントを読んでも、答えよりも質問のほうが多く残るはずだ。次に、専門用語をいくつか説明しよう。

1.6 スマートコントラクトは（実際には）何をするのか

本書の最初の数ページを読んだだけでも、まったく新しい概念に出会ったという人もいるはずだ。イーサリアムでも引き続き登場する用語が1つある。「スマートコントラクト」という概念だ。ネットワーク上で動作して、価値を半自律的に移動させ、当事者間で支払い契約を確実に執行するビジネスロジックである。

スマートコントラクトはソフトウェアアプリケーションと同一視されることがよくあるが、これは還元的な類推である。むしろ、従来のオブジェクト指向プログラミングのクラスという概念に似ている。開発者が「スマートコントラクトを記述する」と言うとき、通常はイーサリアムネットワークで実行されるコードをSolidity言語で実際に記述することを言っている。コードを実行すると、価値の単位（たとえばETH）をデータのように簡単に転送できる。この章ですでに述べたように、デジタルマネーが約束する未来は計り知れない。それではその仕組みはいったいどのようになっているのだろうか。分散システムではどのようにしてデータがお金のような働きをするのか。

その質問に対する答えは、習得した技術によって異なる。ここでは、かなり掘り下げた例を見ていこう。

▶1.6.1 | 価値のオブジェクトとメソッド

コンピューティングでいう「オブジェクト」とは通常、特定の構造または形式でカプセル化されたデータ（情報）の小さな塊のことである。多くの場合、このデータにはメソッドと呼ばれる手順が関連付けられている。メソッドには、オブジェクトをどのように使用できるかや、オブジェクトにどのようにアクセスできるかを記述する。さて、このようなオブジェクトに、ある個人にとって有益な情報が保持されているとしよう。その個人は、保持された情報を表示するメソッドをトリガーしたいと考えている。

以下の例では、あるユーザーがオンラインでケーキのレシピを見つけ、少額の手数料を支払ってでもそのレシピを使用したいと考えているとする。この例では、このレシピがデータオブジェクトだ。忠実に説明すると、ケーキオブジェクトの特性（「属性」と呼ばれる）はコンピューターのメモリー内にある特定のアドレスにメソッドとともに保存される。

以下のオブジェクトは、ケーキの属性を表し、メソッドを含んでいる。それにより、コンピューターはどのようにこれらの材料を組み合わせてケーキを作ればよいか、その手順を表示できる。このように情報を保存すると、プログラムとプログラマーは情報を表示する手順のコードを変更することなく簡単に属性を出し入れできる。つまり、オブジェクトはモジュール式の情報の塊であり、状況に応じて結合したり、再結合したりできるのだ。これを覚えておくと、後の章でブロックチェーンを構成するブロックの構造について学ぶ際に役に立つ。JavaScriptでは、ケーキオブジェクトを以下のように記述できる。

```
var cake = { firstIngredient: "milk", secondIngredient: "eggs",


thirdIngredient: "cakemix", bakeTime: 22
bakeTemp: 420


mixingInstructions: function() {
return "Add " this.firstIngredient + " to " + this.secondIngredient +
" and stir with " + this.thirdIngredient + " and bake at " + bakeTemp + "
for " + bakeTime + " minutes." ;
}
};
```

これは、コンピューターがデータをどのように「移動」して人間のユーザーに有用な結果を表示するかを示した一例である。mixingInstructionsという名称のこの小さなオブジェクトのメソッドは、実行すると、材料を組み合わせてケーキを作る手順を表示できる。これと同じく、イーサリアムでは送金を行う関数を記述できる。

▶1.6.2 | 商取引を追加する

第4章で見るように、Solidityコードをアプリケーションのバックエンドで使用すると、簡単なコンピュータープログラムにさえ、マイクロペイメントやユーザーアカウントやその他の機能を追加できる。サードパーティーのライブラリーや高度なプログラミング知識は必要ない。

mixingInstructions関数の実行コストがイーサで数セントになった瞬間を想像してみよう。ケーキレシピの価格がユーザーのイーサリアムウォレットの残高から差し引かれると(平均所要時間数秒)、スマートコントラクトはmixingInstructionsメソッドを呼び出し、ユーザーにケーキの作り方を表示する。このすべてを行うのに、認証も、ペイメントAPIも、アカウントも、クレジットカードも、広範なウェブフォームも、電子商取引アプリケーションの構築に伴うすべての作業も必要ない。実際、JavaScriptアプリケーションがグローバルなパブリックイーサリアムチェーンとやり取りするために必要なのは、前述のソフトウェアライブラリーWeb3.jsだけだ。

▶1.6.3 コンテンツ作成

この章ではここまで、イーサの金銭的な用途に焦点を当ててきたが、ケーキレシピの例ではイーサリアムが秘める別の大きな応用分野を示した。知的財産、ライセンス供与、コンテンツロイヤリティである。今日、ウェブやアプリでコンテンツを販売するというのは、アップルやグーグルやアマゾンといった大手の販売業者を相手にするということだ。こうした業者は、デジタルコンテンツの販売に関して罰則を規定し、多額の手数料を徴収する。

イーサリアムでは少額取引が容易になる。ユーザーはレシピの代金として、たとえば0.25ドルといったわずかな金額を支払う。手数料がかかるクレジットカードネットワークでは実用的でない支払い金額だ。コンテンツ作成者がこの形で事業を進める場合、イーサトークンの価格変動性など課題がいくつかあるが、後の章で見るように、こうした問題はネットワークが成熟すれば解決策が見つかるはずだ。

1.7 データはどこへ

ここでちょっと考えてみよう。ネットワークプロトコルが多くの機能を標準で装備し、それが分散システムであるとすると、ユーザーデータはいったいどこに保持されているのだろう。イーサリアムネットワークの仕組みを正確に把握するのは次章のテーマであるが、ここでまずはなかなか頭から離れない疑問に答えてみよう。トランザクションがイーサリアムにどのように記録されるのかを軽く説明すると、トランザクションはすべてネットワークのあらゆるノードに保存されるということになる。

イーサリアムでのトランザクションは、すべてブロックチェーンに保存される。これが、各イーサリアムノードに保存される状態変化の正規の履歴である。

イーサリアムネットワークでの演算時間に対価を支払う場合、支払い額にはトランザクションの実行にかかるコストと、スマートコントラクトに含まれているデータの保管にかかるコストが含まれる（実行後にコントラクトが小さくなった場合は、トランザクション手数料の削減という形で一部が払い戻されたことになる）。

スマートコントラクトを実行し、手数料がイーサ残高から支払われると、ただちにそのデータが次のブロックに含められる。イーサリアムネットワークではすべてのノードがすべてのコントラクトのデータベースを完全な状態で保持する必要があるため、どのノードもデータベースにローカルに問い合わせることができる。これはスケーラブルではないのではないか。注意深い読者ならそう思うだろう。イーサリアムのバージョン1.5と2.0では、このスケーラビリティー問題に対処するためのロードマップを定義している。
次の章では、イーサリアムブロックチェーンの仕組みをさらに深く見ていく。

▶1.7.1 マイニングとは何か

分散システムには１人の所有者もいないため、マシンが自由にイーサリアムネットワークに参加して、トランザクションの検証を開始できる。このプロセスをマイニングと呼んでいる。しかし、その目的は何だろう。

マイニングノードは、システム全体でトランザクションをどの順序で扱うかを決める際、協議を通じてコンセンサスに達する。多数のトランザクションがネットワークを通過する状況でもすぐに全員のアカウント残高を集計するためには、このコンセンサスが必要になる。このプロセスのために電気が消費される。つまり、コストがかかる。そのため、マイナー（マイニングする人）にはマイニングしたブロック単位で報酬が支払われる。

NOTE

ビットコインでは報酬が一定期間ごとに減っていくようにあらじめスケジュールされているが、イーサリアムではコミュニティーでの合意があれば、報酬額が変更となる。本書原著では5イーサとなっていたが、2018年12月1日時点では3イーサである。（監訳者より）

▶1.7.2 イーサと電気料金

マイナーには、マイニングだけでなく、ネットワークでスクリプトを実行した場合にも、このイーサが支払われる（支払いは、gasという形で行われる。gasについては後で説明する）。イーサリアムネットワークで動作しているサーバーには、電気の消費に伴うコストがかかる。イーサが暗号商品としてその本来の価値を発揮する要因の1つが、このコストである。つまり、誰かがマイニングマシンを実行するために電力会社に実際に料金を支払うのだ。専用のマイニング装置は、ずらりと並べたグラフィックスカードを使用して、ブロックを完了して報酬を得る確率を高めようというものだが、地域によっては各マシンの月額電気料金が100ドルから300ドルにも達する。

マイニングは、ビットコインとイーサリアムの双方にとって基礎となるものだ。原理上、いくつか注意したい点はあるものの、どちらのネットワークでも同じように機能する。イーサリアムは、ここでもパラダイムを変えている。特に、イーサの発行に関するパラダイムに注目だ。この仕組みが正確にどうなっているかは、第５章の主要なテーマである。

1.8 EVMを知る

本書の目的は、イーサリアム仮想マシン（ＥＶＭ）をどのようにプログラミングできるか、その目的は何なのかをプログラマーとプロダクトオーナーにわかってもらうことだ（ＥＶＭとは、先ほど説明したシステムの名前のことだ）。金融畑の人にも技術畑の人にもわかってもらえるような書き方をしている。開発者やドメインエキスパートなら、一緒に何を作り、どのツールがプロジェクトに適しているのかについて、理解できるはずである。まずは、イーサの使用と保持の基本事項にある程度時間を割こう。

NOTE

仮想マシンが何であるかがよくわからなくても、心配はいらない。後ではっきりと理解できるようになる。今のところは、多くのコンピューターで構成された１つのコンピューターであると考えてよい。

▶1.8.1 Mistブラウザー

この段階ではまだ、アプリケーションをデプロイするのは困難だが、スマートコントラクトの試作版を簡単に作成する方法はいくつかある。Solidityスクリプトを記述すればよいだけだ。本書では主に、Mistのニックネームで呼ばれるネイティブのイーサリアムブラウザーを使用して行う。このブラウザーもイーサを保持する。第２章では、ウォレット、ブラウザー、コマンドラインツール、ブロックチェーンエクスプローラーについて詳しく取り上げる。その前にまずは用語について見ていこう。

▶1.8.2 | Mistブラウザーブラウザーとウォレット（キーチェーン）の比較

Mistは「ウォレット」とも呼ばれる。ビットコインの専門用語に由来する言葉だ。なぜビットコインアプリケーションはウォレットと呼ばれるのか。お金を入れるからではない。ウォレットアプリで支払いを送受信できるのだ。このようなアプリケーションをスマートフォンにインストールすると暗号鍵が発行され、暗号鍵を使用すると分散型データベースに対してデータを読み書きできる。そのため、比喩としてはキーチェーンのほうが適切であるが、ここではウォレットという用語を使用する。

ひとまず先にMistがどんなものか知りたいなら、イーサリアムのGitHubプロジェクトでMac、Windows、Linux用のMistをダウンロードするとよいだろう。※12

Mistとイーサリアムコマンドラインツールでは、偽のイーサを使ってサンプルのコントラクトをテストし、デバッグを通して本物のお金が失われないことを確かめられる。

最新の開発環境を使用しているのに、こんなことをするのは少し原始的に感じるかもしれないが、まだ学習段階で技術知識が不足しているなら出発点として最適だ。簡単なデモアプリを作るだけでも、ネットワーキングと低レベルのコンピューターシステムについて学べるからだ。

▶1.8.3 | SolidityはJavaScriptのようなものだが…

単独で書かれたSolidityを見てみよう。JavaScriptやJavaやC言語に慣れ親しんでいる人なら、Solidityの大半は直感的にわかるはずだ。イーサリアムアプリケーションは単一のサーバーにはホスティングされないが、その心臓部は一連の（比較的）簡単なスマートコントラクトファイルで

※12　GitHubプロジェクトのMist関連情報　https://github.com/Ethereum/mist/releases

あり、それらはJavaScriptのように見える。このようなファイルはローカルに作成してから、ネットワークにデプロイして全体に伝播させ、分散方式でホスティングする。この意味で、イーサリアム開発はネットワーキング、アプリホスティング、データベースシステムを1つに統合したものと言える。

多くの新しい技術と同じく、このようなシステムをデプロイするのは非常に困難である。ここでは、それを容易にするための方法をいくつか取り上げる。ただし、まずは最小限の機能を備えたアプリケーションを作成する。それから後は面白い作業だ。身に付けた新しいスキルで、どんなアプリケーションやシステムを新たに実現できるか想像してみよう。

1.9 イーサリアムは何に適しているか

イーサリアムは、ソフトウェアのみで経済システムを構築するのに適している。つまり、ビジネスロジック用のソフトウェアである。個人(ユーザー)は、普段データを取得する場合と変わらない速度と規模でお金(価値を表すデータ)を移動できる。※13　3～7日の流動期間がある商業銀行制度とは対照的だ。手数料を徴収するVisaやMasterCardやPayPalなどのベンダーとも違う。たとえば、簡単なイーサリアムアプリケーションがあれば、数百の国の数十万の個人に数分ごとに少額を支払うのも実にたやすい。従来の銀行制度なら、帳簿の帳尻を合わせて、国境を越えた問題に対処するために、給与部門全体が残業しなければならないところだ。

※13　Ethereum Blog(イーサリアムブログ)、「The Business Imperative Behind the Ethereum Vision(イーサリアムビジョンの背後にあるビジネス規範)」、https://blog.ethereum.org/2015/05/24/the-business-imperative-behind-the-ethereum-vision/、2015。

▶1.9.1 重要な見解とよくある反論

イーサリアムのマーケティングについて調べたことがある人なら、このソフトウェアが実現する世界について、もう少し飛躍的な見解を持っているかもしれない。ここでは、イーサリアムとブロックチェーン全般について夢想的な見解を述べる。併せてよくある反論も示す。

「ダウンタイムやセンサーシップやサードパーティーによる妨害がいっさいない」

オープンソース開発の世界を十分に理解していないと、コードベースを制御する方法は当初なんだか曖昧なものに見える。イーサリアムプロトコルはコア開発者の小さなグループによって記述されたのだが、ネットワークが機能する仕組みを変更するためには多様な利害関係者が協力しなければならない。その甲斐あって、今のネットワークが稼働しているわけだ。ネットワークの規模が拡大するにつれて、このようないわゆるハードフォークは困難になり、必要性が乏しくなり、そのため頻度が低下する。前述したように、イーサリアムネットワークはまだ完成していない。今もイーサリアムネットワークは稼働しているが、完成するのは2019年のいつかだ。開発を継続するための資金は、スイスにある非営利のイーサリアム財団に寄付されている。

「モノのインターネット（IoT）向けのセキュアで無料のオープンなプラットフォーム」

多くのスマートコントラクトがマシンによって処理されるようになる可能性がある。ここでは、そのことを考えてみる。たとえば、これまで住んだことがない地域に移住し、セルシグナルを失ったとしよう。スマートフォンは、ある時点で別のネットワークにある近くのフェムトセルから自動的に「貸借」され、ルーターにわずかな手数料を支払うことになる。その際に許可を求められることはない。価格と速度は、ルーターが策定したスマートコントラクトによって変動する可能性がある。サービスレベルアグリーメント（SLA）はほぼ変わらず、同意すればお金を移動できる。

「コミュニティーとビジネスを透過的に制御できる」

この見解がトリッキーだということはわかっているが、透過的な企業というのは当然の帰結として今後登場する可能性がある。ただし、分散型自律企業（DAOやDACとも呼ばれる）が登場するのはまだずっと先の話だ。本書で使用している用語は、業界で定着してきた用語である。分散型組織（DO）もそうだ。この分野が今後どのように進んでいくかは未知数だ。暗号的な仕組みによるガバナンスでは、長期にわたって民主主義に甚大な被害をもたらしてきたのとまったく同じことが行われる。1票が1つのウォレットアドレスなのか。では、誰がウォレットアドレスを手にするのか。コインが票なら、金持ちが統治するのか。この手の話は本書の範囲外であるが、完全自律型の組織や企業や行政機関という概念を提供している人なら、何か興味を引くような足がかりを持っているかもしれない。

「ユーザー認証とセキュアな支払いを自動的に処理し、メッセージングだけでなく分散型ストレージも提供する」

これは、イーサリアムのロードマップに沿って進んでいけば実現できることだ。ユーザー認証とセキュアな支払いはイーサリアムブロックチェーンに接続すれば標準で実際に装備されるが、ピア・ツー・ピア通信と分散型ストレージ(ブロックチェーンソフトウェアビジネスから出現しつつある)は現在のところサードパーティーを統合した場合にのみ使用できる。ただし、イーサリアムのロードマップには、このような要素がSwarmとWhisperという名称で計画どおりに含まれている。どちらも、現時点では限られた試験的バージョンで使用できる。

「アプリケーションホストへのサインアップや支払いの必要がない。世界初のゼロインフラストラクチャープラットフォーム」

技術的には可能だが、時は金なりだ。ホスティングとデプロイのところで説明するように、この新しいソフトウェアの世界では無料と簡素は明らかに相互に排他的な用語である。

▶1.9.2 スマートコントラクト開発の現状

現在のところ、Solidity開発に使用できるサンプルプロジェクトはほとんどない。完全なエンドユーザーアプリケーションをデプロイすることを考えているとしよう。競合相手はほとんどいないはずだ。ただし、今のところはだ。

ブロックチェーンが備える能力のほとんどは、ユーザーによるトランザクションを実現するアプリケーションの作成に注がれている。購入、販売、ライセンス供与、貿易、ストリーミングなどだ。つまり、個人はイーサか、プロジェクトに属するネイティブコインを保有する必要がある。このようなネイティブコインの流通と可用性は、コインの流動性と呼ばれている。流動性が高いと、通貨の価格が安定し、ネットワークの効果も発揮される。

起業家精神のある開発者は、流動性の恩恵を享受するために自力でコインを流通させようとすることがよくある。実際、EVMとイーサはまさにその道を歩んでいる。イーサリアム財団は、2014年の活動開始時にクラウドファンディングで1800万ドルという多額の資金を調達した。ビットコインで支払われた寄付金の対価としてイーサが配られ、コミュニティーが生まれた。

▶1.9.3 ｜模倣コイン

アルトコインとは、ビットコインを模倣したコインで、ビットコインコードベースを使用する。なぜアルトコインを開始するのか、それには正当な理由がある。ユーザーベースを強引に作り出そうとしているわけではない。

イーサリアムは、ビットコインの基礎となる概念の多くを維持しているが、主要なコンポーネントが異なるため、まったく新しいネットワークであると考えることができる。

▶1.9.4 ｜プロジェクトへの資金調達をしよう

起業家は、目下のベータテストの費用捻出と資金調達に苦労している。クラウドファンディングはそれに立ち向かうための方法の1つで、製品やサービスに早い段階からアクセスできる権利を見込み、ユーザーに販売することによって資金を調達する。暗号通貨では、これをトークンローンチと呼んでいるが、イニシャル・コインオファリング（ICO）という用語を採用している企業もある。

新規株式公開（IPO）というウォールストリート用語に響きが似ているからだ。ただし、この用語は誤解を招く。トークンが普通株を表すとは限らないからだ。これは、イーサとビットコインの両方に当てはまる。どちらも普通株を表すことはない。

NOTE

トークンローンチという言葉よりも、現在はイニシャル・コインオファリング（ICO）の呼び方のほうが、圧倒的に普及している。2017年〜2018年にかけて多くのICOプロジェクトが起案されている。（監訳者より）

イーサリアムプロジェクトへの費用捻出のために資金調達を考えているのなら、目先の利益を追う必要はない。資産マネージャーと経営陣なら、この技術が持つ強みにすぐに気づく。求めているのが人材なのか、投資なのか、事業の発展なのかにかかわらず、技術はそこにある（もしくは、まもなくやって来る）。Meetup（www.meetup.com）には、各地で開催されるビットコインやイーサリアムのイベントが掲載されている。他のクリプトマニアを見つけてチームを作ることもできる。

1.10 どこに適合するのかを決める

本書では、イーサリアムの技術的な側面だけでなく、Solidityプログラミングと分散型アプリケーションが自分のキャリアにどのように適合するのかを決定する場合に役立つ情報を幅広く提供する。また、ソフトウェアについて革新的な考えができるよう、新たなベクトルを明らかにする。

一例が長寿命性である。従来のウェブサービスでは、アップタイム（連続して稼働している時間）は開発者がホスティング費用を支払ってサーバーを保守しているかどうかによって異なる。このため、30年というような長期にわたってコマンドを実行できるソフトウェアアプリケーションを構築できる個人はほとんどいない。

イーサリアムネットワークは、完全に冗長な分散データベースでもある。コピーがどのノードにも存在するからだ。つまり、特定の条件が満たされた場合に、アプリケーションを安心して呼び出すことができるということだ。これは、その条件がこの先数十年にわたって満たされても、ノードがすべて変更されても、変わらない。

ソフトウェアとバンキングの古い制約を排除して、新しい制約を導入するというのは、以後のどの章でも変わらないテーマである。

▶1.10.1 | 新しくプログラマーになる人への注意事項

既存の貨幣制度、銀行制度、保険制度の仕組みを知っていると、イーサリアム用のアプリケーションを想像する場合に大いに役立つ。それを技術知識と組み合わせることができれば、なおさらよい。

この先コードについて説明するセクションが登場するが、プログラマーでなくてもプログラマーになるつもりがなくても、とにかく読み進めよう。何をどこまで実現できるのか、その限界を把握するのに役立つはずだ。また、これまでプログラミングしたことはないが、Solidityプログラミングを一から学ぶという人にとっては、本書のレッスンが便利だ。

ある意味で、ウェブ開発を一から学ぶよりも、イーサリアム開発を学ぶほうが簡単であり、直感的に理解できる。

▶1.10.2 | イーサリアムは無料のオープンソース

イーサリアムは、フォークして互換性を維持したまま他のシステムに複製できる。今後、コインをチェーン間で転送できるようになる可能性すらある。これは簡単なことではないのだが、その方法を述べた学術論文はすでに発表されている。

特にノンプログラマーの方に留意してほしいのは、無料とオープンソースは同義語ではないということだ。オープンソースはソフトウェアを作成する一種の方法であり、無料は社会的構造である。GNU財団によると、「ソフトウェアが無料であるというとき、それはソフトウェアがユーザーの本質的な自由に敬意を示しているという意味である。ソフトウェアを実行する自由、ソフトウェアを調べて変更する自由、変更の有無にかかわらずコピーを再配布する自由である」。※14

▶1.10.3 | EVMの普及

これから見ていくように、イーサリアムは野心的なロードマップと、なおいっそう野心的な目標を掲げている。コア開発チームの計画通りになるかどうかは別にして、EVMはブロックチェーン開発に寄与し続けていると言えるだろう。

Solidity言語は、EVMバイトコードにコンパイルするための数ある言語の中の1つになる可能性がある。Solidity自体は今後間違いなく成長し変化を遂げるが、現時点では完璧や完成と呼ぶにはほど遠い。しかし、Solidityを使用すれば、今すぐにでも暗号通貨のユースケースを構築し、テストすることができる。ビットコインコミュニティーなら、そう早くはできない。

要するに、イーサリアムが求めているのは、経済モデルを試行し実証できるシステムを作成することなのだ。当分の間、Solidityはこのようなモデルのデファクトスタンダードな言語になるような状況だ。ただし、EVMなどのグローバルな仮想マシンで実行される場合に限られる。

1.11 | 今すぐ何を構築できるのか

その秘めた可能性については十分述べてきたが、では今すぐ何ができるのか。たくさんあるが、大きく2つのカテゴリーに分けて考えよう。プライベートとパブリックだ。ここまで、イーサリアムを単一のパブリックブロック

※14 GNU財団、「Why Open Source Misses the Point of Free Software(なぜオープンソースにはフリーソフトウェアの要点が欠けているのか)」、https://www.gnu.org/philosophy/po/open-source-misses-the-point.de-en.html 、2016。

チェーンとしても、多くのブロックチェーンを作成するためのプロトコルとしても説明してきた。

さまざまな領域での可能性（そしてどのように形にしていくか）を理解することは、パブリックチェーンが企業やその他の独立したコミュニティーによってデプロイされたプライベートイーサリアムチェーンとどのように異なるのかを理解することでもある。

▶1.11.1 | プライベートチェーンとパブリックチェーン

誰でもイーサリアムプロジェクトをフォークできるため、パブリックチェーンを構築するのではなく「独自のイーサリアムを作る」こともできる。これは、プライベートブロックチェーンと呼ばれている。ビットコインのアルトコインと同じく、既存のイーサリアム開発コミュニティーによる取り組みを複製するものだ。

本書の最後まで読めば気づくことだが、ある製品やサービスで創業する際に何ができるかを考えた場合、プライベートチェーンは一般にはとんでもない方法である。だからといってみんながみんな創業を止めたわけではない。わざわざ一からやり直すのではなく、起業家にとってもっと大事な考えはパブリックイーサリアムチェーン上に構築するということだ。

これから見ていくように、パブリックチェーンはセキュリティ専用に多大な演算能力を備えている。小さな企業にとっては、大規模でセキュアなウェブサービスを開始する際、かなりのターンキー(すぐ使える状態で提供されること)になる。ただし、今日のパブリックイーサリアムブロックチェーンは完全にパブリックであるため、企業の中には機密性が高い取引は依然としてプライベートチェーンで行うところもある。パブリックチェーンに至る橋のようなものを持っているわけだ。エンタープライズソフトウェアの文脈では、企業の利害関係者に対し、その企業のチェーンを読み書きするための特定の権利と権限を与えている場合がある。そのデプロイしたものをパーミッションドブロックチェーンと呼ぶ。

NOTE

ここで解説されているパーミッションドブロックチェーンは、最近では「コンソーシアム型チェーン」と呼ばれることが多い。(監訳者より)。

パーミッションドブロックチェーンの場合、ウォレットアドレスは通常、システムに入るパーミッション（アクセス権）を検証する信頼できるサードパーティーによって発行される。オフィスビルのセキュリティパスによってそのビル内での取引を許可する方法と同じである。これと同じ比喩により、パブリックチェーンは公園やその他の共用スペースのようなものと考えられる。

後の章では、ブロックチェーンのスケールとその信頼性との間に正の相関関係があることを明らかにする。ただし、第9章ではプライベートチェーンのセットアップを見ていくので、ブロックチェーンとデータベースの類似点について理解を深めることができる。

パブリックとプライベートのどちらのイーサリアムチェーンでも、以下のことを行うことができる。

- **イーサの送受信**
- **スマートコントラクトの記述**
- **公正さを証明できるアプリケーションの作成**
- **イーサに基づく独自トークン開始**

以下のサブセクションで個別に説明する。

■イーサを送受信する

イーサを送受信できる。ただし、プライベートチェーン上扱えるのは、そのチェーン内でのみ使える価値のないプライベートイーサだ。誰でもMistウォレットをダウンロードして、パブリックイーサリアムウォレットアドレスを入手できる。これについては、次の章で説明する。あるいは、モバイルウォレットアプリケーションを使用できる。ドルをイーサと交換するためには、暗号通貨取引所に登録するか、Coinbaseなど民間の送金業者から購入する必要がある。ほとんどの人は単にビットコインを購入し、取引所または暗号通貨交換サービスを介して、イーサに交換するだけである。

■スマートコントラクトを記述する

どんな不測の事態が起きようとも、遠い将来に国境を越えて拡大しようとも、アカウント間での（さらには他のコントラクト間でも）支払いと転送は、自分自身で管理できる。真の可能性は、どのようにしてパブリックチェーンを停止できないものにするかにかかっている。それは、誰がシステムに参加し、どれだけの数の不正行為者がシステムに入ってくるか次第だ。また、プライベートチェーンではリソースを同じ機能でプライベートにグループ化できる。

■公正さを証明できるアプリケーションを作成する

公正さを証明できるアプリケーションを作成することは、ゲームとギャンブルで特に重要である。ビデオゲームとバーチャルリアリティーゲームでは、実際の通貨を表し、実世界で消費できるポイントを導入することになりそうだ。

■独自のトークンを発行する

現実問題として、独自のトークンを展開するのは、ユーザーのアカウント体系を新たに展開するようなものである。

イーサリアムトークンコントラクトにより、独自の取引台帳として使えるサブ通貨を作成できる。アクセスできるのは本人と本人のプライベートグループだけである。それにも関わらず、パブリックチェーンを使用する。つまり、マイニングマシンの独自のネットワークをフォークしたり、保守したりする必要がなくなるのだ。これは、開発者と組織にとって、便利で優れたアプローチである。トークンとチェーンの力学については、第5章と第9章で詳しく説明する。

▶1.11.2 ｜分散型データベースが約束する未来

すべてのデータベースと同じく、ブロックチェーンにもスキーマがある。団体間の関係を定義、制約、適用するルールだ。これらを不正に破ったり改ざんしたりする動機を持つ者は、どの業種にもいる。

そのため、ブロックチェーンの持つトラストレス性（相互の信頼不要）が、従来のソフトウェアやネットワークに比べて魅力的なのである。※15

どのデータベースでも、共有、読み書き、アクセスを実現すると、非常に複雑になる。データベースが物理的に存在する場所によっては、世界中のマシンでそれぞれに異なる遅延が発生する。このため、書き込み操作は順序通りに到着するとは限らない。複数の当事者でデータベースを等しく共有しようとすると、事態はさらに難しくなる。たとえば、複数の企業が1つの業界トランザクショングループを形成する場合だ。そのため、大規模な組織が他の組織と読み書きステータスを共有するには、非常に費用がかかる。現在、顧客情報の漏えいはごく当たり前に起きている。

そこで、企業のIT部門は、このようなシステムが正常に動作しているか

※15　Nesta.org.uk.「Why you should care about blockchains:the non-financial uses of blockchain technology（なぜにブロックチェーンに関心を持つべきか:ブロックチェーン技術の金融以外での用途）」、https://www.nesta.org.uk/blog/why-you-should-care-about-blockchains-the-non-financial-uses-of-blockchain-technology/y 、2016。

確認する方法をいくつも編み出してきた。しかし、規模の拡大に伴い、隙が大きくなりすぎているため、不正行為者に狙われやすくなっている。

▶1.11.3 次は何か：新しい働き方

2016年9月に、Wells Fargo（ウェルズ・ファーゴ）銀行の数千人もの従業員が、口座データベースを操作して偽のセールス番号を作成し、ボーナスを得ていたとして解雇された。新しい口座を開設した販売員には報酬が与えられるからだ。※16 こうした（システム設計の）判断ミスによるのコストは膨大だ。管理者が間違った変更を行えないようにするためのソフトウェアを構築しなければならない。それにはコストがかかる。イーサリアムは、HTTPウェブに基づいて構築されてきたアプリケーションデータ層よりも信頼できる環境で企業と消費者がやり取りする新たな方法を示した。

※16 CNN Money（CNNマネー）、「5300 Wells Fargo Employees Fired Over 2 Million Phony Accounts（Wells Fargoの従業員5300人が偽の200万口座で解雇される）」、http:// money.cnn.com/2016/09/08/investing/wells-fargo-created-phony-accounts-bank-fees/ 、2016

1.12 まとめ

この章では、イーサリアムがソフトウェアの構築に新たなアプローチを提示したことを学習した。プロトコルレベルでセキュリティと信頼を支えるというものだ。これは、グローバルに大きな影響を与える可能性がある。世界でデジタル化が進む中、あらゆる種類の組織にとって大規模なシステムがますます不可欠になっている。銀行や保険だけでなく、都市サービス、小売り、物流、コンテンツ配布、ジャーナリズム、アパレル製造、その他の来歴や支払いに価値がある業種だ。[※17]

以後の章では、イーサリアムを実際に体験する。クライアントと呼ばれるプログラムを利用して、イーサリアムブロックチェーンにアクセスするためのキーを作成する。次章では、Windows、macOS、Linux、iOS、Android向けのイーサリアムクライアントアプリを使用する。

※17　Daily Fintech(デイリーフィンテック)、「How blockchain technology could integrate financial & physical supply chains and revolutionize small business finance(ブロックチェーン技術は、金融サプライチェーンと物理サプライチェーンをどのように統合し、中小企業金融に革命をもたらすのか)」、https://dailyfintech.com/2016/06/14/how-blockchain-technology-could-integrate-financial-physical-supply-chains-and-revolutionize-small-business-finance/ 、2016。

第2章
ウォレットから理解するトランザクション

暗号通貨ソフトウェアの領域には、
不可欠なクライアントアプリケーションが
2つある。
ウォレットとフルノードだ。

NOTE

ウォレットは、ブロックチェーンに接続して暗号通貨の送受信などの基本機能を実行する軽量のノードだ。フルノードは、ネットワークで許可されているありとあらゆる操作を実行できるコマンドラインインターフェースだ。

前章で説明したように、「イーサリアム」はコンピューターがプロトコルを使用して作成するイーサリアムプロトコルとイーサリアムネットワークのどちらをも指すことがある。イーサリアムネットワーク上にあるノードを操作すれば、スマートコントラクトをアップロードできる。暗号通貨（本書の例ではイーサ）を送受信するために必要なのは、コンピューター用またはスマートフォン用のウォレットアプリケーションだけだ。

イーサリアムにはクライアントアプリケーションがいくつかあり、本書ではそれぞれを説明する。最も有用なのは（ほとんどの読者にとって）Mistブラウザーである。フルノードの役割の一部を実行できるユーザーフレンドリーなウォレットだ。具体的には、スマートコントラクトを実行できる。

ゆくゆくは、Mistを介してウェブアプリのようなプログラム全体にアクセスするようになる（こうしたプログラムのバックエンドはイーサリアムに構築する）。それで、Mistをブラウザーと呼ぶわけである。Mistはシンプルだが、それに惑わされてはいけない。Mistはイーサを送受信するのに便利なツールだ。しかし近い将来、コンシューマーソフトウェアアプリケーションやエンタープライズソフトウェアアプリケーションの配布ポイント、つまりApp Storeのようなものになるかもしれないのだ。

NOTE

通貨とは、システムにとって代替可能な価値単位のことである（暗号通貨も同じだ）。トークンやスクリップとよく似ている。このような小さなトークンが実際に何を表すのかは、この章の後半で明らかにする。代替可能とは、通貨に適用する場合、「相互に交換可能」という意味だ。法定通貨で言えば、あるドルは別のドルに代替可能である、となる。

この章では、Mistとその他のアプリケーションを使用してネットワークにアクセスする方法について学習する。アカウント間でイーサトークンを送受信する際の基本事項を理解するためだ。後続の章では、システムの仕組みとシステム用にスマートコントラクトをプログラミングする方法について詳しく説明する。

2.1 ウォレットをコンピューティングの比喩で説明する

ウォレットは、デスクトップやモバイル機器用のソフトウェアアプリケーションで、EVMに対するキーを保持している。このようなキーは長いアドレスによって参照されるアカウントに対応する。イーサリアムでは、アカウントに名前やその他の個人情報が格納されない。仮名でよいのだ。誰でも、任意のイーサリアムクライアント（Mistなど）でネットワークに接続して、イーサリアムアカウントを生成できる。必要な数だけ生成できる。

コンピューターやスマートフォンにイーサリアムウォレットやフルノードをすでにダウンロードしたことがあれば、アカウントを作成するように求められたはずだ。ウォレットアプリケーションも、暗号化してキーを保護するために、パスワードを作成するように求めるはずだ。このことからもわかるように、キーはイーサを送受信する際の重要な要素である。

まずはアカウントアドレスから見ていこう。これはパブリックキーとも呼ばれる。パブリックキーには、対応するプライベートキーがある。自身のアカウントへのアクセスを許可するキーだ。このプライベートキーは、外部に漏れないように安全に保管する必要がある。どこにも公開してはいけない。

ビットコインとイーサリアムのどちらでも、アカウントは長い16進アドレスで表される。イーサリアムアドレスは次のようになる。

```
0xB38AA74527aD855054DC17f4324FE9b4004C720C
```

ビットコインプロトコルでは、生の16進アドレスはbase 58でエンコードされる。バージョン番号とチェックサムがビルトインされているが、見た目にはイーサリアムアドレスと同じように見える。次に、ビットコインアドレスの例を示す。

```
1GDCKfdTo4yNDd9tEM4JsL8DnTVDw552Sy
```

イーサやビットコインを受信するには、自身のアドレスを送信者に伝える必要がある。それで、パブリックキーと呼ばれるのだ。もちろん、キーの文字列は覚えやすいものではない。プログラミングが初めてなら、ここで何が起きているのか、なぜ英数字のごちゃごちゃした扱いにくいものになっているのか、不思議に思うかもしれない。経験豊富なプログラマーなら、このようなパブリックキーとプライベートキーは非対称鍵暗号の一部であることがすでにわかっているはずだ。

▶2.1.1 アドレスとはどのようなものか

アカウントアドレス（公開することを意図したもので、自身のウェブサイトに掲載している人さえいる）が非常に長い不可解な文字列で構成されているのはなぜか。なぜユーザー名を持つだけではだめなのか。

答えはこうだ。まもなく平易な英語でユーザー名を生成できるようになるだろうが、その機能は現在のトップレベルドメイン名とあまり変わらない。分散型ネットワーク登録機関から名前をレンタルすると、実際のアカウントアドレスにリダイレクトされる。現在、トップレベルドメインがIPアドレスにリダイレクトされるのとよく似ている。

イーサリアムネットワークについては、現在多数の計画が進行している。ゆくゆくは、誰でも知っている現在のHTTPウェブを細部まで複製したものになるはずだ。イーサリアムのロードマップの詳細は、第11章を参照してほしい。

NOTE

アカウントはデータオブジェクトである。具体的には、ブロックチェーン台帳のエントリーだ。アカウントのアドレスで索引付けされ、アカウントの状態に関するデータ（残高など）が含まれている。アドレスは、特定のユーザーに属するパブリックキーである。このキーを使用してユーザーは自身のアカウントにアクセスする。実際のところ、アドレスは技術的に言えばパブリックキーをハッシュ化したものだ。パブリックキーそのものではない。だが、わかりにくくなるので、この区別は無視したほうがよい。

EVMでは、非対称暗号は有効なイーサリアムアドレスを生成して認識するためやトランザクションに「デジタル署名する」ためにネットワークで使用される。セキュアな通信では、非対称暗号はプライベート通信を暗号化するために使用する。通信内容が悪意ある者に傍受された場合でも判読できないようにするためだ。ブロックチェーンでも、原理は同じである（EVMトランザクション要求という形式の）メッセージの送り主が資金強奪を企てている悪者ではなく実際のアドレス保有者であることを保証するための手段なのだ。

▶2.1.2 イーサはどこにあるのか

イーサは特定のマシンやアプリケーションに保管されているのではない。この点に注意することが重要だ。イーサリアムノードやウォレットを実行しているコンピューターがあれば、イーサ残高を照会し、イーサを送受信できる。Mistウォレットが存在するコンピューターが破棄された場合でも、心配することはない。必要なのはプライベートキーだけだ。これさえあれば、別のノードからイーサにアクセスできる。

ただ、自分のプライベートキーを他の第三者に渡したとなると話は別だ。あなたの知らないうちに、その第三者がＥＶＭにアクセスして、お金を引き出してしまう恐れがある。ネットワーク上で操作する限り、プライベートキーの保有者本人になりすますことができる。

ＥＶＭはグローバルなマシンであるため、どのノードからトランザクションを作成することになるのかを知る術がない。今日のウェブアプリと異なり、イーサリアムは「信頼できる」コンピューターを探さない。どのスマートフォンが誰のものなのかを認識しないのだ。これは異常なことのように思われるかもしれないが、銀行のＡＴＭシステムのようなものだと考えればよい。デビットカード番号と４桁の暗証番号を知っていれば、誰でも口座にアクセスできる。

第１章で説明しているように、盗難や破壊でスマートフォンやコンピューターを失っても、次の条件が満たされれば、お金を失うことはない。

プライベートキーをバックアップしている。
プライベートキーを誰にも渡していない。

プライベートキーをバックアップするのは実に簡単で、プライベートキーをコピーしテキストファイルに貼り付けて、そのテキストファイルをUSBスティックに保存するだけだ。あるいは、紙にメモしておけばよい。プライベートキーのバックアップ方法については、この章の後半で詳しく説明する。

2.2 銀行の窓口係

ある意味、ウォレットやフルノードを使用するというのは、銀行の窓口係の背後にいて自分のお金を管理するようなものだ。紙幣を手にすることができるという意味ではない。ここでいう窓口係は、世界規模の取引データベースに向けてトランザクションを実行できる銀行のコンピューターシステムを操作できる者ということだ。窓口係は銀行のデータベースを管理するが、そのデータベースは他の銀行のデータベースにつながっている。

従来の銀行業務で、小切手とはどういう働きをするものか。銀行の窓口係に対し、銀行のコンピューターシステムを使用して取引を行うように書面で指示するものだ。小切手には、口座番号と銀行支店コードが記載されている(従来の銀行制度については、次の章で詳しく説明する)。

ここで重要なのはただ1点。振込人から小切手を受け取り、それを電子的なトランザクションに変えてから、受取人に送信し、振込人と受取人の残高を更新するには、人が大勢いる(そして膨大なコンピューティングリソースもある)ビルが必要になるということだ。暗号通貨では、ピア・ツー・ピアコンピューターネットワークでアルゴリズムによるコンセンサスエンジンを実行することで、この従来の銀行制度（人的プロセスとコンピュータープロセスがごちゃ混ぜになっているもの）を完全に排除している。トランザクションの決済と消し込みは、ネットワーク上で数秒以内に行われる（ビットコインの場合は数分）。トランザクションは、デジタル署名され、ノードによってブロードキャストされる。このため、暗号通貨トランザクションでは「決済はトレードである」と言える。

▶2.2.1 ｜ 暗号通貨の世界では、自分で自分の資産を保持する

暗号通貨は、従来の銀行によって使用される法定通貨とは異なる。このような法定通貨は集中管理型だ。トークンは仮想のものであり、自分の残高（と他の人が保有するイーサの残高）はブロックチェーンネットワークによって集計される。有形のイーサ通貨やビットコイン通貨はない。ただし、暗号通貨を組み込んだコイン（有形のコインに暗号通貨を取り出すコードを封入したもの）を作成している人もいる。

さまざまなオンラインサービスが、イーサやビットコインやその他の暗号通貨を保有・格納する機能を提供している。また、それらの保管機関として活動している組織もある。こうしたサービスや組織には十分な注意が必要だ。分散パブリックシステムの利点は、トランザクションから第三者を排除し、エンティティ（監訳者注:トランザクションを実行しようとする主体）がピア・ツー・ピアでトランザクションを実行できることだ。ここでのポイントは、保管機関がなくても資産を安全に保持できるということだ。

とは言うものの、私たちは法定通貨の世界に暮らしている。暗号通貨が将来本当に実現されるのものだとしても（本書でこれから見ていくように、それを裏付ける証拠が驚くほどある）、移行期間は数年以上に及ぶだろう。その間、人々は暗号通貨ウォレットと従来の銀行口座の両方を持つこ

とになる。

要するに、本人に代わってプライベートキーを保持するウォレットやオンラインサービスを利用してはいけないということだ。手元のデバイスにプライベートキーを保存するアプリケーションだけを使用すること。

EVMへの最初のゲートウェイとなるMistの目的の説明に戻ろう。

▶2.2.2 イーサリアムトランザクションの可視化

これからイーサリアムプログラマーになろうとする人たちがブロックチェーンという概念を可視化できるようにするにはどうすればよいか。紙のトランザクション台帳を思い浮かべてみるとよい。それが世界各地にある他の紙のトランザクション台帳と同期できるようになっていると考えるのだ。

ウォレットアプリケーションがデータベースに変更を加えようとすると、その変更は至近のイーサリアムノードによって検出されて、ネットワークに伝播される。最終的には、すべてのトランザクションがすべての台帳に記録される。

理論的には、これは1803年にジョン・アイザック・ホーキンスが特許を取得したポリグラフマシンのように機能する。これが最初の「コピー機」なのだが、今ではポリグラフはいわゆる嘘発見器のことを指す言葉になってしまっている。この複製マシンを図2-1に示す。これは当時、最もすばらしい発明だとトーマス・ジェファーソンが賞賛したことで有名だ。ポリグラフと同じく、ブロックチェーンは多くの「マシン」がほぼ同時に同じ方法で台帳の状態を変更できるようにする装置である。

図2-1：ポリグラフマシンは、ブロックチェーンの原理に似ている。多くのマシンが一斉に動作して、同じようなデータを同じようなローカルデータベースに書き込む。ビットコインとイーサリアムの技術革新は、このような状態変化がネットワーク遅延のせいで順不同になってもかまわず、ネットワークがそうした状態変化を調整して単一の台帳にまとめることができるということにある。

前述したように、アドレスはパブリックキーとも呼ばれるが、もっと的確な比喩がある。一意のシリアル番号が割り当てられた鍵付きの箱だ。プライベートキーは、システム全体で一意となるようにうまく名前をつけられたもので、アカウントのロックを解除し、イーサを移動できるようにする。

イーサとは正確には何なのか。単にアカウントの残高にすぎない。送信しても受信しても、実際には何も送受信されない。

EVMでは、あるアカウントの残高が増えた場合、それは別のアカウントが支払いを送信してそのアカウントで同じ金額が減ったためだということになる。これは閉じたシステムだ。

自分にタダでイーサを付与するのは現実的には不可能である。少なくとも、台帳を改ざんしようとするコストに見合わない。イーサリアムでは、第7章で見ていくように、金銭的インセンティブと非インセンティブを使用してセキュリティを確保する。

2.3 従来の銀行業務との決別

イーサリアムプロトコルの側面の中でも特に興味深いのは、その発行スキームだ。これについては、後で説明する。ここで重要なのはただ1点。(ビットコインと同じく)新たにイーサを生み出すことは誰にもできないということだ。この特性は、大規模な詐欺師グループの歴史を読むかのような、金融市場や中央銀行の過去400年の歩みとはまったく対照的だ。

17世紀後半のロンドン取引所街は、株価不正操作の日々であった。起業家と詐欺師(当時ストックプロジェクターと呼ばれていた)が、ベンチャーの株式を合法的にも非合法的にも販売していた。株価が上昇するとみるや自分たちと共犯者に秘密裏に新株を発行する。19世紀の米国人には株式水増しとして知られている行為だ。

時代とともに、大西洋両岸諸国では株への投機が年代層や経歴を問わず個人の娯楽になり、現代の株式市場が誕生した。その過程で、仲買人としての役割を果たしたカウンターパーティー株式取引を信頼できるものにした。しかし、世界大恐慌後に銀行規制が成立したと言うのに、悪徳起業家は依然として秘密裏に株式をプールする道を模索した。あるいは、一般大衆が知らないうちに株式を売り抜ける方法を探した。そこには、自分たちが利益を手にした後で事業を破綻させる腹づもりがあった。

近代史を振り返ると、米国での1929年の大恐慌と同じように、投機バブルが富と人の成長を壊滅させたことが何度かあった。欧米には、これと似た気の滅入るエピソードが(1873〜1879年の恐慌を含めけ)いくつかある。いずれも中央銀行か投資家自身によって引き起こされたもので、そのたびにお金の市場供給量や株式や債権の市場が大混乱に陥った。

2.4 暗号化はどのように信頼をもたらすのか

第1章では、暗号理論についてはざっと説明し、代わりに暗号化ネットワークの影響に主眼を置いた。それでもまだ、多数の見知らぬ人のPCが集まってセキュアなネットワークを構成するということに、何か妙な感じがする。どうして、1人の悪意のある人間がネットワークをハッキングして全員のイーサを盗み出すことができないのか。この質問に答えるには、まずブロックチェーンが以下の方法を使用していることを思い出す必要がある。

非対称暗号

暗号ハッシュ

ピア・ツー・ピア分散コンピューティング

ここで、このリストの最初に挙げた項目について簡単に説明しよう。非対称暗号は、公開鍵暗号と呼ばれることも多い。ここで少し回り道をするが、これはパブリックネットワークのセキュリティをどのように確保できるかを把握するのに役立つはずだ。リストの他の2項目については、第6章で説明する。

非対称暗号は、ネットワーク経由でセキュアなメッセージをあちこちに送信するための方法である。送信者と受信者は、このネットワークの通信チャネルを信頼していない。EVMの場合、やり取りされるメッセージはトランザクションだ。いくつかのアカウントの状態を変更するために、署名されたうえでネットワークに送信される。これが「非対称」と呼ばれるのは、各当事者がそれぞれ中身は異なるが数学的に関連する2つのキーをペアとして保持するためだ。

公開鍵暗号は、戦時中の通信用に開発されたものだ。正しく使用すれば、強固なセキュリティを実現できる。対称鍵暗号(共通鍵暗号)と異なり、公開鍵暗号の通信では当事者間にセキュアなチャネルは必要ない。これは、ビットコインとイーサリアムには欠かせないことだ。プロトコルを実行しているコンピューターであれば、身元調査なしでネットワークに参加できるからだ。ただし、データを暗号化するには複雑な演算が必要になるため、これが有用なのはプライベートキーになる英数字文字列など小さなデータオブジェクトのみだ。このような理由から、暗号化は慎重に使用する必要がある。

大まかに言うと、イーサリアムは暗号化を使用して、EVMでアカウント残高に加えられたありとあらゆる変更が正当であることと、残高が誤って増えている(減っている)アカウントがないことを検証する。

コンピューターサイエンスに触れるのが初めてなら、暗号化のメカニズムに接するだけでも頭がぼんやりしてしまうかもしれない。

ここでは、定義をいくつか示しておく。少しずつ理解を深めるのに役立つはずだ。

対称鍵暗号(共通鍵暗号):平文(暗号化前のデータ、通常はドキュメントの中身)を分解して、キーと呼ばれる短いデータ文字列と混ぜ合わせて暗号文を出力する方法。出力を受け取った当事者は、同じキーを持っていれば、出力を元に戻すことができる。つまり、復号できる。キーがないのに出力を元に戻そうとしても、コンピューティング的に言うと、多大な時間と費用がかかる。いくつかの暗号化手法は、巨大なコンピューティングリソースを駆使したとしても、現実的な時間やコストで解読できないことをもって、「突破不可能」だとみなされている。

非対称暗号:このような情報暗号化には、プログラムで2つのキーを同時に発行する必要がある。公開するキー（パブリックキー）と秘密にしておくキー（プライベートキー）だ。パブリックキーは、ウェブサイトやソーシャルプロファイル（電子メールアドレスなど）に記載できるという点で公開されたものである（通信時に、当事者は互いのパブリックキーを使用して情報を暗号化できる。これについては、後で説明する）。

セキュアメッセージング：本書の最初の例では、アリスはボブのパブリックキーを使用してメッセージを暗号化している。ボブは、暗号テキストを受信すると、自分の対応するプライベートキーを使用して解読できる。これにより、メッセージを読み込むことができるのはボブだけとなる。これをセキュアメッセージングと呼ぶ。しかし、危険をもたらす可能性は依然として残る。誰でもアリスと名乗ってボブにメッセージを送信できるからだ。どのようにすれば、アリスがメッセージの実際の送信者であるとわかるのか。

セキュアで署名されたメッセージング：アリスが本物の送信者であることをボブに確信してもらうには、アリスはこれまでとは違ったやり方をする必要がある。まず、送信するプレーンテキストメッセージを自分のプライベートキーで暗号化する。次に、それを再度、ボブのパブリックキーで暗号化する。ボブは、メッセージを受信すると、まず自分のプライベートキーを使用して復号するが、テキストは依然として暗号化されたままだ。そのテキストを再度、アリスのパブリックキーで復号する。この2層化された暗号化により、ボブはアリスが本物の送信者であることを確信する。アリス以外に誰もアリスのプライベートキーを持っていないはずだからである。これを「セキュアで署名された」メッセージングと呼ぶ。アリスが自分のプライベートキーを使用してプレーンテキストを暗号化するだけなら、アリスのパブリックキーを持つ人なら誰でも復号できる。これを「オープンなメッセージ形式」と呼ぶ。送信者の身元を証明しつつ、誰でも復号できるからだ。

デジタル署名:最大限のセキュリティを確保するため、アリスはさらに別の措置を講じる。メッセージのプレーンテキストをハッシュし、その値をメッセージとともにアタッチするのだ。アリスは、このバンドルを自分のプライベートキーで暗号化し、さらに再度ボブのパブリックキーでも暗号化する。ボブは、暗号テキストを受信して復号すると、アリスが使用したのと同じハッシュアルゴリズムを使用してアリスのプレーンテキストメッセージを実行できる。何らかの理由でメッセージのフィンガープリントが違っていれば、実際のメッセージテキストが途中で損傷したか改ざんされたことになる。

第6章(マイニングを取り上げた章)で詳しく見るように、個々のトランザクションをEVMにブロードキャストする方法は前述のデジタル署名の説明に似ている。トランザクションの内容は、ハッシュして暗号化したうえで、ピアにブロードキャストされる。

ここまで、イーサリアムネットワークのセキュリティについて説明した。続いて、Mistインストールの核心に迫ろう。

2.5 システム要件

ほとんどのユーザーはMistブラウザーを選択するだろうが、このセクションでは他のツールをいくつか取り上げる。開発者なら興味を持ちそうなツールばかりだ。Mistでは、イーサを簡単に送受信できる。また、スマートコントラクトを迅速かつ容易に実行するためのインターフェースも搭載している。第4章では、Mistでコントラクトを実行する方法について詳しく説明する。

Mistは、2GB以上のRAMを搭載し、ハードディスクに30GBの空き領域がある現代のコンピューターで正しく動作する。これよりも性能が低いマシンでは、MetaMaskというChromeの拡張機能を試してみよう。これについては、このセクションの後で説明する。Mistの最新バージョンは、イーサリアムプロジェクトGitHubサイトから入手できる。※1

イーサリアムは、動きの速い新しいプロジェクトだ。出版後に一部更新されているGitHubプロジェクトのURLを記載しておく。※2

本書で基本事項から学び始めている非技術系の読者は、ここはスキップして「いよいよMist!」セクションまで進んでかまわない。開発者なら、このまま読み進めてイーサリアムを巡る旅のこの段階で、他にどのようなツールがあるのか詳しく見ていこう。

▶2.5.1 開発者向けツール

Mistに加えて、開発者にとって要チェックのツールは次の3つだ。

MetaMask Chrome拡張機能(誰にとっても有用)
Geth(中級の開発者にとって有用)
Parity(高度な開発者にとって有用)

Chromeの拡張機能であるMetaMaskは、イーサリアムを動かすための最も簡単な方法だ。このツールを使用すると、イーサリアムのフルノードがなくても、ブラウザーでスマートコントラクトとトランザクションを適切に実

※1 イーサリアムプロジェクトGitHubサイト https://github.com/ethereum/
※2 本書のGitHubプロジェクト
https://github.com/chrisdannen/Introducing-Ethereum-and-Solidity

行できる。MetaMaskは、アカウントを作成し、イーサを送受信する能力を備えている。MetaMaskは、Google Chromeのアドオンメニューまたはプロジェクトのからダウンロードできる。※3

便利なツールではあるが、MetaMaskはブロックチェーン全体を手元のコンピューターにダウンロードしないため、トランザクションをマイニングしてイーサを獲得することができない。しかし、イーサリアムですぐにでも動かしたいユーザーにとって、こんなことは小さな欠点だ。

MetaMaskを作成したのは、イーサリアム開発とコンサルティングを展開するConsenSys社のアーロン・デイヴィス（別名Kumavis）氏だ。イーサリアムブロックチェーンという新たな領域では、同社の無料ツールによく出会う。ConsenSysはイーサリアムベンチャースタジオおよびコンサルティング会社で、ニューヨークのブルックリンを拠点とし、イーサリアムプロジェクトの共同設立者ジョセフ・ルービン氏が運営している。

MetaMaskの資金の一部は、イーサリアム財団からの開発補助金（DEVgrants）だ。※4　財団の開発補助金は、イーサリアムプロジェクトで活動する誰にでも開かれている。プロジェクト作成者が株式を手放す必要はない。

▶2.5.2 | CLIノード

今すぐにでもSolidityでの開発を始めたくなったら、フルコマンドラインノードをダウンロードするとよい。イーサリアムネットワーク用に最も広く普及しているコマンドラインインターフェース（CLI）ノードだ。GoとC++で記述されており、GethとEth（あるいはgo-ethereum and cpp-ethereum）と呼ばれている。

※3　MetaMaskのプロジェクトサイト　https://metamask.io/

※4　DEVgrantsの詳細を知るにはこのプログラムのGitterチャネル
https://gitter.im/devgrants/public
そのほか、Twitterハンドル@devgrantsをフォローするとよい。

NOTE

さまざまなオペレーティングシステム用に多くのイーサリアムクライアントがあるが、本書では最も簡単な開発環境を使用する。Ubuntu 14.04上でGethを動作させる環境だ。MacユーザーやWindowsユーザーなら、Ubuntuインスタンスを実行できるVirtualBoxなどの仮想マシンをインストールしてみるとよい。

高度な開発者には、GethとParityの組み合わせもお勧めだ。Parityは、Rustプログラミング言語で記述された超高速イーサリアムクライアントだ。基本的なGethコマンドについては、第6章で説明する。

2.6 推奨事項：ParityとGethの使用

Ethcore.ioは、以前にイーサリアムプロジェクトで活動していたギャビン・ウッド氏ら数名からなる民営のイーサリアム開発会社である。ギャビン氏は、別のイーサリアムプロジェクトの共同設立者で、Solidity言語の作成者でもあり、イーサリアムイエローペーパーの著者でもある。※5

ギャビン氏とチームは、Rustプログラミング言語で記述された強力なノードを作り上げた。Parityは、macOS、Windows、Ubuntu、Dockerインスタンス上で機能する。詳細は、GitHubプロジェクトで確認できる。※6

NOTE

Parityノードを介してMistウォレットを使用する場合は、Mistを開く前にParityを手動で起動しておく必要がある。そうしないと、Mistは自身のノードを介して接続する。Mistブラウザーは、背後でGethのノードを実行する。

※5　ギャビン・ウッド、GitHub、「イーサリアムイエローペーパー」、2014
https://github.com/ethereum/yellowpaper

※6　GitHubプロジェクト　Parity　https://github.com/ethcore/parity

バックエンドで実行されているParityでMistウォレットをセットアップするための詳細な操作手順は、Ethcoreチームが提供するYouTube※7で確認できる。

2.7 いよいよMist！

ここまで、イーサリアムクライアントがどのようなものなのかを説明してきた。続いて、イーサリアムクライアントを自分のコンピューターに導入してみよう。例に挙げるMistブラウザーは、32ビットと64ビットの両方のアーキテクチャーを備えたLinux、macOS、Windowsコンピューターと互換性がある。自分のコンピューターが32ビットなのか64ビットなのかわからない場合は、システムのハードウェアプロファイルを確認しよう。新しいシステムのほとんどは64ビットだ。

NOTE

インストール画面の流れは、原著の執筆時点ではなく翻訳時点で編集部で試したものを紹介している。また、翻訳時点のクライアントとしてはMist以上にMetaMaskも人気がある。イーサリアムの世界は変化が激しく、ツールはすぐに変わってしまうので、新しい方法を常に試してみてほしい（監訳者より）。

▶2.7.1 Mistのダウンロードとインストール例

まず、図2-2のとおり、次のURLからMistをダウンロードする。

https://github.com/ethereum/mist/releases

※7 Ethcoreチームが提供するYouTube https://www.youtube.com/watch?v=sta-p5d1bIQ

Assets 18

Ethereum-Wallet-installer-0-11-1.exe	127 MB
Ethereum-Wallet-linux32-0-11-1.deb	43.8 MB
Ethereum-Wallet-linux32-0-11-1.zip	65.5 MB
Ethereum-Wallet-linux64-0-11-1.deb	42.2 MB
Ethereum-Wallet-linux64-0-11-1.zip	63.4 MB
Ethereum-Wallet-macosx-0-11-1.dmg	67.2 MB
Ethereum-Wallet-win32-0-11-1.zip	59.7 MB
Ethereum-Wallet-win64-0-11-1.zip	67.4 MB
Mist-installer-0-11-1.exe	126 MB
Mist-linux32-0-11-1.deb	43.8 MB
Mist-linux32-0-11-1.zip	64.9 MB
Mist-linux64-0-11-1.deb	42.1 MB
Mist-linux64-0-11-1.zip	62.9 MB
Mist-macosx-0-11-1.dmg	67.1 MB
Mist-win32-0-11-1.zip	59.1 MB
Mist-win64-0-11-1.zip	66.8 MB

図2-2：GitHubのイーサリアムプロジェクトから、使用しているOSの実行可能ファイルをクリックしてダウンロードするか、ソースコードをダウンロードして自分でコンパイルする。

また、次のURLでは、他のクライアントと一緒にもダウンロードのリンクをしている。

http://clients.eth.guide

Windowsでは、ダウンロードした実行可能ファイルをダブルクリックする。macOSでは、ダウンロードするディスクイメージを開き、イーサリアムウォレットをApplicationsフォルダーまでドラッグする。Ubuntuでは、Debianパッケージをダウンロードするかzipファイルを解凍し、ファイルを開いてインストールする。

NOTE

複数のノードを一度に実行することはできないし、できたとしてもそうする利点はない。たとえば、Mistの実行中にGethを開こうとしても、エラーになり、ノードはマシンですでに稼働していると通知される。

▶2.7.2 | Mistの設定

ここではWindows用のインストーラをダウンロードしてインストールした。Mistを起動すると、図2-3のような画面が表示される（第1章で示した大きな約束事がいくつかある!）。

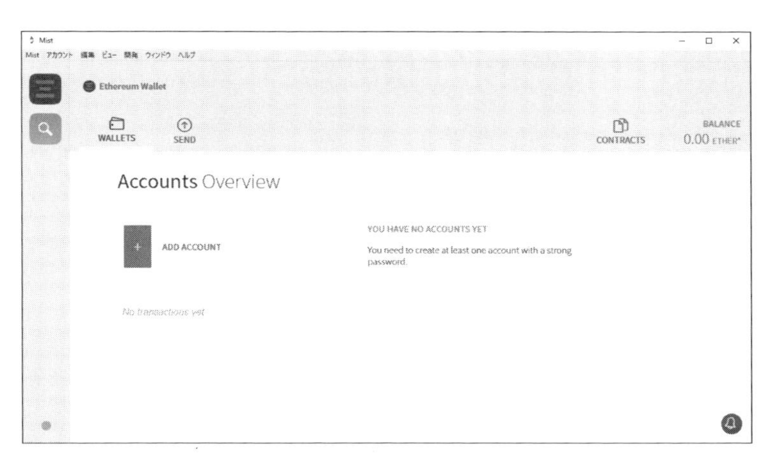

図2-3：Mistの起動画面。ウィンドウの上部にブロックをダウンロードしていること（Waiting for blocks…）がその実行中に示される。

このアプリケーションは、イーサリアムネットワークでフルノードを実行する。つまり、ブロックチェーンの独自のコピーを保持する。これを先にダウンロードしておかないと、実際のアクションを実行することはできない。これには長い時間がかかる。ブロックチェーンには、イーサリアムチェーンでのそれまでのトランザクションがすべて記録されているからだ。

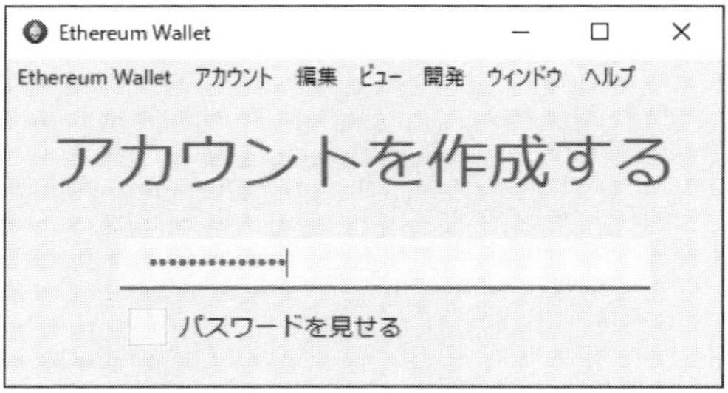

図2-4:次にパスワードを入力する。パスワードは2回入力する。

［ADD ACOUNT］をクリックして、図2-4に示すようにパスワードを入力する（パスワードは書き留めるか記憶しておくこと）。パスワードは一度入力した後、もう一度入力するように求められる。

NOTE

イーサリアムネットワークには、パスワードを忘れた場合の機能がない。パスワードは、Mistウォレットのこのローカルインスタンスにのみ使用されるもので、イーサリアムブロックチェーンには保存されていないからだ。実際、Mistを実行している他のコンピューターでこのアカウントを再作成するために必要なのはプライベートキーだけだ。パスワードを作成するのは、侵入者に自分のコンピューターを使用されてMistインターフェース経由でお金を消費されないようにするためだ。パスワードを保護しておかないと、誰かにコンピューターのファイルシステムからプライベートキーを盗み出される恐れがある。Mac、Linux、Windows PCで起動時に自動的にログインする機能をオフにするなど、対策を講じておこう。

図2-5の画面が表示される。ブロックチェーンがコンピューターに同期しているところだ。新しいアカウントがまだ表示されなくても慌てないこと。ノードが完全に同期されると表示される。

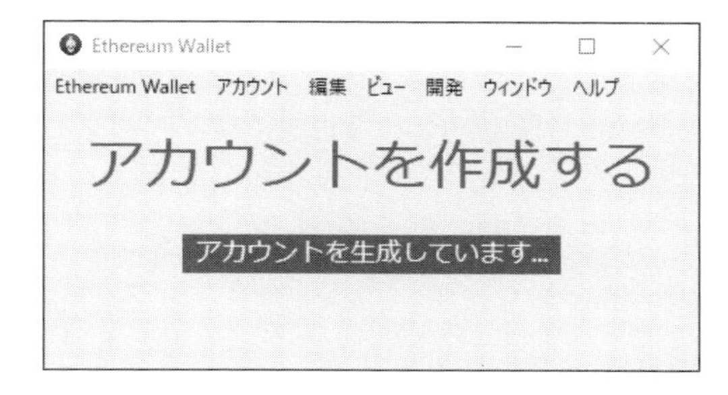

図2-5:アカウントの生成にはしばらく時間がかかる。完了すると、新しいアカウントが表示される。

図2-6に示した次の画面で、イーサベースアドレスがちらりと見える(ACCONT1)。このノードとそのデータが最初のままなら、それは、このマシンのUrアドレスに似ている。システムライブラリーからMistアプリケーションとそのデータを削除すると、このパブリックキーとプライベートキーのペア(イーサベース)も削除される。だからこそ、アカウントをバックアップする必要があるのだ。これについては、この章の最後で説明する。

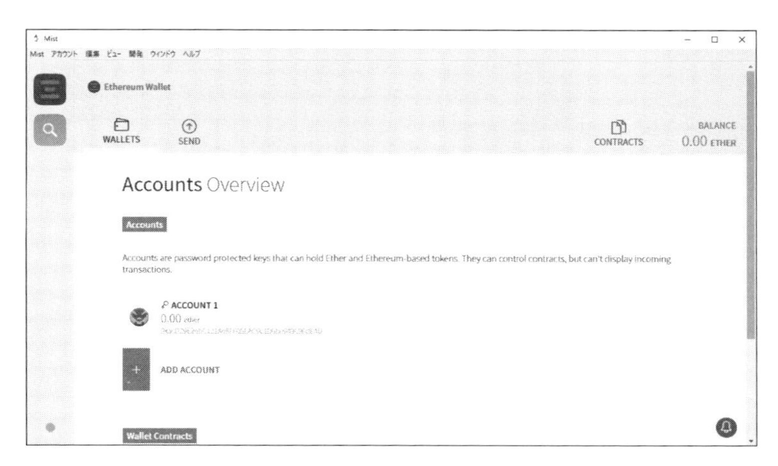

図2-6:新しいアドレスが表示されている。また、ビットコインを預けておいてShapeshift.io APIでイーサに交換することもできる。

▶2.7.3 新しいアドレスを探す

いくつもアドレスを作成できるが、いずれのアドレスもこのイーサベースアドレスの保護下に置かれるため、バックアップは容易だ。
以降の画面をクリックしていくと、ブロックチェーンをダウンロードしている間、時間をつぶすことができる。イーサリアムの詳細を学ぶことができるのだ。関心があるなら、これらの画面でサンプルをクリックしてみるとよい。コントラクトコードを確認できるはずだ。

▶2.7.4 イーサの送受信

イーサを送信するには、先にいくらかのイーサを保有している必要がある。メインネットワークでは、トークンはお金をかけて入手する。マイニングして獲得することもできるが、これからイーサリアムを始めようとする人にとってはやっかいな方法だ。

以前一足先にメインネットワーク上にアカウントを作成した。投機的価値があると考えて実際のイーサを保有することに関心がある読者や、すでに実際のイーサを使用して支払いを行っている友人や同僚がいる読者を想定してのことだ。ほとんどの読者にとっては、実際のイーサにお金を支払ってメインネットワークで使用するよりも、テストイーサ（Ropstenと呼ばれるテストネットに無料で生成できる）を使用したほうがよい。Ropstenに接続するための手順については、第5章で説明する。

ここでは、イーサがどのように送受信されるかについて説明しておく。形だけでなく実際に試してみる。基礎となるシステムの仕組みを明らかにするのに役立つからだ。イーサの送信には、図2-7に示した［Send（送信）］タブを使用する。

図2-7:Mistの[Send(送信)]タブでは、コマンドラインインターフェースを使用することなく、イーサの送受信とイーサ残高の確認を簡単に行える。

イーサを送信するには、次の手順に従う。

1. **現実世界で、受信者にイーサリアムアドレスを尋ねる。**
2. **Mistを開く。Mistウォレットのトップバーで[SEND]をクリックする。**
3. **どのウォレットから送信するかを選択する。**
4. **受信者のアドレスを貼り付ける。**
5. **金額を入力する。**
6. **[SEND]をクリックする。**

トグルできるオプションがさらに2つある。追加のテキスト(たとえば、注文番号やお礼の言葉)を入力するためのデータフィールドと、トランザクション手数料を選択するためのスライダーバーだ。トランザクション手数料の目的は、第6章で詳しく説明する。ここでは、スライダーはデフォルトの位置のままにしておく。トランザクションは、問題なく処理される。

NOTE

実用上、イーサを送信するときには、Mistウォレットを完全に同期する必要がある。つまり、トランザクションをエラーなく確実に処理するためには、Mistがブロックチェーンをダウンロードするまでしばらく待つことが必要になる場合もあるということだ。後で見ていくように、これは技術的には必須ではない。実際、最近はオフラインノードでもトランザクションを開始できる。ただし、ユーザーがアカウントの最新情報を使用してコマンドラインでトランザクションを作成した場合に限られる。※8

イーサを受信するために、ノードを同期する必要はない。残高を確認する場合は、Mistを起動するときに、同期プロセスをスキップすればよい。

▶2.7.5 | イーサリアムアカウントのタイプについて

ユーザーは、アカウントを介してイーサリアムブロックチェーンとやり取りする。イーサリアムの用語では、人が作成して使用するアカウントを外部所有アカウント(EOA、Externally owned accountsの略)と呼ぶ。これは、スマートコントラクトの置き場所となるコントラクトアカウントとは対照的だ。

NOTE

外部所有アカウントは、常に人によって制御されるわけではない。どこか別の場所にある信頼できるエンドポイントによって制御される場合もある。ここでのポイントは、外部所有アカウントはEVMの外部にあるということだ。

この区別に混乱してしまったのなら、イーサリアムネットワークではコントラクトが人の代わりに行動できるということを思い出すとよい。価値(イーサ)

※8 StackExchange(スタックエクスチェンジ)、「When Transferring Ether, Who needs to be in sync with the Blockchain(イーサの転送時に、誰がブロックチェーンと同期する必要があるのか)」、https://ethereum.stackexchange.com/questions/2273/when-transferring-ether-who-%20needs-to-be-in-sync-with-the-blockchain、2016。

を個人やスマートコントラクトに送信できる。一部のアクションは今後自動化されるはずだ。たとえば、送金コントラクトなら、送信者の預金を取得して3つに分割し、それぞれの金額を3人の親類に送信できる。このように、コントラクトは人の代わりに行動して分散型組織内のタスクを自動化したり、本来ならカウンターパーティが必要になるような個人間のトランザクションを仲介したりできる。

NOTE

コントラクトアカウントと外部所有アカウントのどちらも状態オブジェクトである。コントラクトアカウントにはアカウント残高状態とコントラクトストレージの両方があり、外部所有アカウントには残高状態のみがある。ただし現在、EVMのさらなる抽象化を進めるための開発提案がイーサリアム開発コミュニティーによってレビュー中であることに注意する必要がある。その目的は、すべてのアカウントをスマートコントラクトそのものに変えて、現在2つに分かれているものを一般化することにある。こうすると、ユーザーは自由に自身のセキュリティモデルを定義できる。

基本事項をいくつか確認しておく。

- **新しいアカウントを登録すると、キーペアが発行される。**
- **アカウントは必要な数だけ登録できる。**
- **アカウント（キーペア）の作成は、イーサリアムノードで行うことができる（オフラインでもかまわない）。**
- **キーペアやアカウントのマスターリストは地球上のどこにもない。**
- **アカウント番号は、ユーザー、ユーザーの識別情報、ユーザーのコンピューターのいずれにも関連付けられない。**
- **イーサリアムノードを実行している任意のコンピューターから自分のプライベートキーでイーサリアムネットワークにアクセスできる。**

▶2.7.6 キーのバックアップとリストア

Mistブラウザーでの作業中に、Mistがブロックチェーンとの同期を完了したら、使用しているオペレーティングシステムにもよるが、[アカウント]メニューに移動し、[バックアップを取る]メニュー、[アカウント]の順に選択する。これでフォルダーが開く。このフォルダーのkeystoreフォルダー内に、作成日付で始まる長い名前を持つテキストファイルがある。UTC--2016-09-01(...)というようなものだ。このようなプレーンテキストファイルはいずれもアカウントを表す。

このキーストアフォルダーをバックアップするには、そのフォルダーを圧縮してどこか安全な場所(USBキーや暗号化ハードドライブなど)に保存する。

このようなテキストファイルのいずれかを開くと、特定の表記でフォーマットされたプライベートキーとパブリックキーのペアが見つかる。

アカウントをその作成元とは別のノードにリストアするには、前に説明したのと同じ方法でキーストアフォルダーを探せばよい。すでにあるファイルを複製するのではなく、Mistにイーサリアムアカウントをリストアするには、プライベートキーが含まれているテキストファイルをキーストアフォルダー内にコピーし、Mistを再起動する。チュートリアルの詳細は下記のURLにアクセスのこと。

http://backup.eth.guide

http://restore.eth.guide

端末を介してハードドライブ上のキーストアフォルダーを探すなら、目的のキーストアフォルダーは通常以下のディレクトリにある。

- Mac：~/Library/Ethereum/keystore
- Linux：~/.ethereum/keystore
- Windows：%APPDATA%/Ethereum/keystore

前のプロセスでは、通常のアカウントのみがバックアップされる。ウォレットコントラクトはデータフォルダーに保持されるので、（後の章で演習を完了したら）そのフォルダーもバックアップする。

- Mac：~/Library/Application Support/Mist/
- Linux：~/.config/Mist or, in earlier versions, ~/.config/ Chromium/Mist (folder is hidden)
- Windows：C:\Users\< Your Username >\AppData\Roaming or

~\AppData\Roaming\Ethereum\keystore

Mistで新しいアカウントを作成するたびに、キーファイルを取得してバックアップすることが大切だ。

▶2.7.7 ｜ ペーパーウォレットの使用

前のセクションで気づいた読者もいるかもしれないが、イーサリアムノードはオンラインでなくてもアカウントを作成できる。これは、イーサリアムネットワークがアドレスを生成する方法に関係している。新しい有効なキーペアを作成する際、そのキーペアがすでに存在する。技術的にはだ。現実的に起こらないほどの小さい確率で、重複が起こり得る。

このシステム特性により、ほとんどのウェブアプリケーションでは提供できない、ある機能が可能になる。「ペーパー」アカウントである。MyEtherW allet※9などのサイトでは、ユーザーはブラウザーでキーペアを適切に作成して、手元のマシンにローカルに保存できる。このサイトでは、簡単な操作でキーペアを紙に印刷して保管しておくこともできる。

これをペーパーウォレットと呼ぶ。クイックレスポンス（QR）コードが含まれていて、用紙にあるQRコードをスナップするだけでイーサリアムアカウントに預け入れができるからだ。理論的には、このようにしてイーサリアム支払いの回収を進めることができるのだが、そのイーサにアクセスして他の場所に送信するためには、プライベートキーをMistのインスタンス（または別のクライアント）に配置する必要がある。

▶2.7.8 モバイルウォレットの使用

モバイル機器自体にプライベートキーを保存するためのiOSとAndroid向けのモバイルウォレットアプリケーションの数が増えつつある。図2-8に示したのはJaxxである。Decentralというカナダのソフトウェア会社が作成したものだ。Mac、Linux、Windowsで動作するだけでなく、FirefoxやChromeなど一部のプラットフォームでも動作する。Decentralを経営しているのは、イーサリアムプロジェクトの共同設立者アンソニー・ディ・イオリオ氏だ。

※9 MyEtherWallet https://www.myetherwallet.com/

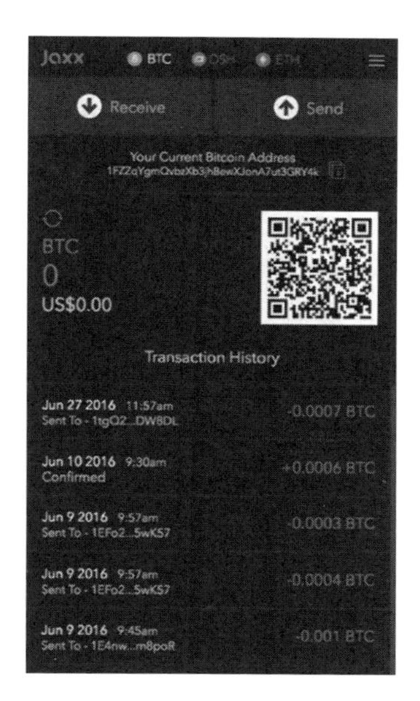

図2-8:iOSとAndroidで動作するウォレットアプリケーションJaxx。ビットコインとイーサ、他の一部の暗号通貨も保持する。

基本的なインターフェースレイアウトを図2-8のとおり。UIは、ウォレットアプリケーションのかなり標準的なものになっている。ユーザーのウォレットアドレスが表示され、その同じアドレスをQRコードとして表示できる。QRコードを使用すると、ユーザー本人が簡単な操作でイーサやビットコインを直接送信できる。Snapchatが、QRコードを使用してユーザーが他のユーザーのコードをスナップするだけで相互にフォローできるようにしているのと同じようなものだ。次のURLには、信頼できるウォレットアプリケーションのリストが掲載されている。

http://wallets.eth.guide

先に進む前に、ここではQRコードの知識さえあればクリプトエコノミーに参加できるということを指摘しておく。モバイルウォレットで誰かにイーサやビットコインを送信するには、[Send(送信)]をクリックし、相手のQRコードをスキャンし(または相手のパブリックキーを貼り付ける)、金額を入力する。相手は、数秒以内にイーサを受信する。

▶2.7.9 メッセージとトランザクションの動作

どちらのイーサリアムでも、トランザクションは分散データベース(つまり、ブロックチェーン)の状態変更を参照するために使用される。トランザクションにより、EVM内のアカウント残高が変更される。メッセージは、ネットワークを経由してスマートコントラクト間でやり取りされるデータオブジェクトであり、必ずしもチェーンで何らかの変更が行われるとは限らない。たとえば、あるコントラクトが別のコントラクトの残高を確認する場合などだ。

■トランザクションによる状態変更

イーサリアムでいうトランザクションとは暗号署名を伴うデータのことで、このデータはブロックチェーンに入ってネットワーク内のあらゆるノードに記録される。いずれのトランザクションも、この状態変更を実現するためにメッセージをトリガーするが、メッセージはEVMコードによっても送信される。これらのメッセージは、当事者間に限られたもので、ブロックチェーンに表されることはない。

■グローバルデータベースの編集

イーサリアムのようなブロックチェーンネットワークは、改ざん不可とうたわれている。その理由の1つに、いったんトランザクションがグローバル共有データベースに書き込まれたら、他のトランザクションによって元に戻すことはできないということがある。現代の支払い関係の言葉では、これをチャージバックのないシステムと呼ぶ。

北米の支払いチャネルでは、チャージバックは証書の発行元銀行がアカウント保有者に資金を強制的に戻すことと定義されている。イーサリアムには中央集権型の発行機関がないため、トランザクションを間違って入力しても訴える先がない。現在、トランザクションをロールバックするための唯一の方法は状態フォークだが、そのためにはネットワーク上のすべてのノードがトランザクションを手動で戻すことに同意する必要がある。これは非常に困難でほぼありえないシナリオであり、さまざまな形でネットワーク全体に仕掛けられる攻撃に備えるためのものだ。

このトランザクションモデルが用意されているのはセキュリティのためだ。アカウント間で暗号通貨を送信するのは、従来の小切手を切るプロセスにたとえることができる。後者の場合、銀行は振出人からトランザクションが送られてくるという情報を受け取る。銀行はまず振出人の残高をチェックして、小切手に署名された金額を支払うだけの資金があるかどうかを確認する。なければ、受取人の銀行は預金口座を増額しない。代わりに、不渡り小切手を切ったことに対して振出人に手数料を課す

イーサリアムネットワークのトランザクションも同じように機能する。あるアカウントから出金される金額は、常に宛先のアカウントに追加されるようになっている。何らかの理由で宛先のアカウントにアクセスできない場合（たとえば、暗号署名が有効でないなど）、送信元のアカウントの残高は減額されず、資金は失われない。イーサリアムでは、トランザクションが外部で生成された場合、常に署名は送信者と受信者のキーで暗号化したものになる。これにより、不正行為者はトランザクションを作成できず、単にアドレスを間違えて入力したからといってお金を失うこともない。

2.8 ではブロックチェーンとは何なのか

ここまで、「ブロック」という概念を分析することを慎重に避けてきた。そして、トランザクションを開始する方法に焦点を当ててきた。次は、トランザクションがネットワークによってどのように消し込まれて決済されるかについて説明する。ブロックは、一定数のトランザクションを収納する時間単位である。心拍は一定量の血液が動物の体内を移動する時間のことだが、それと同じようなものだ。その時間内に、トランザクションデータが記録される。この時間単位が経過すると、次のブロックが始まる。ブロックチェーンは、EVMのネットワークデータベースにおける状態変化の履歴を表す。イーサリアムドキュメントでは、次のように説明している。

> ブロックチェーンのブロックは、時間単位を表す。ブロックチェーン自体は一時的なディメンションであり、チェーン上のブロックによって指定された離散時点における状態の履歴全体を表す。※10

スマートコントラクトは、特定のブロックでネットワークにアップロードできるが、実際にはかなり後のブロックまでメッセージやトランザクションを送信しないことがある。

▶2.8.1 トランザクションに対する支払い

人がトランザクションを送信すると、EVMではそのトランザクションを処理するためにわずかな手数料が必要になる。これは、スマートコントラク

※10 Ethdocs.org、「Account Types, Gas, and Transactions(アカウントタイプ、gas、およびトランザクション)」、http://ethdocs.org/en/latest/ contracts-and-transactions/account-types-gas-and-transactions.html、2016。

トをアップロードする場合も同じだ。ユーザーは、EVMが各コントラクトの実行に費やす演算作業に対して支払いを行う必要がある。EVMでのトランザクションに対する支払いをユーザーに求めることにより、理論的にはプログラムが無駄に延々と実行される可能性が減る。このようなコストには、gasと呼ばれる単位で価格が設定される。

gasは、一種の測定基準と考えることができる。EVMがトランザクションの手順を完了するために必要なステップの数を示しているというわけだ。ある人が別の人に送金するというような簡単な事例なら、トランザクションの手数料は安くなる。演算に必要なステップが少数で済むからだ。一方、複雑なスマートコントラクトの場合、手数料は高くなる。コントラクトのSolidityコードを実行し、その結果どのトランザクションを実行すればよいかを把握するために、EVMのグローバルリソースを使用する必要があるからだ。

トランザクション送信者は、gasリミットをトランザクションに含める必要がある。これは、トランザクションの実行に対してどのくらいまで支払う意思があるかを示すものだ。ネットワーク上でマイニングしたり支払いネットワークを保守したりしているフルノードは、ブロックチェーン内でこのような多くのトランザクションを照合、検証、消し込み、決済および保存するためのハードウェアを提供している。このようにして、ユーザーがイーサを友人に送信するときや、スマートコントラクトを実行するときに支払うトランザクション手数料を受け取っている。トランザクションを実行するマイナーは、手数料を回収する。そのため、暗黙の市場プロセスが働く。トランザクションが実行されるかどうかは、送信者が支払う意思があるgasの量によって決まる。トランザクションに見積もられたgasの量よりもステップの合計数のほうが多い場合は、すべてのステップがロールバックされ、トランザクションのどの部分も実行されない。ユーザーが送信したトランザクションのトランザクション手数料が低すぎる場合、そのトランザクションはが処理されるのに時間がかかったり、まったく処理されないこともある。

どんな操作にもコストとしていくらかのgasがかかるのは確かだが、ほとんどの操作にかかるコストは1gasだ。複雑なトランザクションになると、コストが数百gasになることもある。ただし、ドル建てにすると、取るに足らない金額だ。

▶2.8.2 通貨単位について

法定通貨と同じく、イーサの残高と価値には小さな単位で標準化された通貨単位がある。すべてのイーサ残高は通常イーサという単位で表記されるが、残りはウェイで表記することもできる。たとえば、10.234イーサ=10,234,000,000,000,000,000ウェイだ。イーサをドルだと考えると、ウェイは10セント、25セント、1セント、5セントのようなものである。

表2-1に、ウェイの通貨単位の詳細を示す。

表2-1:イーサの通貨単位。左の単位の列では、対応する通貨単位をかっこで囲んで示している。

単位	値	数
ウェイ	1 wei	1
キロウェイ(バベッジ)	10^3 wei	1,000
メガウェイ(ラブレス)	10^6 wei	1,000,000
ギガウェイ(シャノン)	10^9 wei	1,000,000,000
マイクロイーサ(サボ)	10^{12} wei	1,000,000,000,000
ミリイーサ(フィニー)	10^{15} wei	1,000,000,000,000,000
イーサ	10^{18} wei	1,000,000,000,000,000,000

▶2.8.3 | イーサの入手

この章の前半で説明したように、イーサを取得するには、Mistウォレット内でビットコインを交換するのが最も簡単である。マイニングすればイーサを獲得できるが、前述したように、このためには初期セットアップが必要になる。Mistがテストネット上にある場合を除き、Mist内からマイニングすることはできない(これは、ネットワーク上でスマートコントラクトをテストおよび実行する方法に関係している。これについては、第5章で見ていく)。

米ドルなどの法定通貨でイーサを購入したいなら、取引所またはライセンスを持つ送金業者を利用する必要がある。

この章の前半で述べたように、テストネットイーサは無料だ。「フォーセット(無料で配布するサービス)」からテストイーサを入手するための手順は、第5章でトランザクションの作成について説明する際に取り上げる。

2.9 | 暗号通貨の匿名性

ビットコインとイーサは、匿名の支払い手段ではない。あなたのパブリックキーを知っている人なら誰でも、ブロックチェーンを調べて、あなたのアカウントに対してやり取りされたトランザクションの日付と金額を確認できる。このデータから、その人はトランザクションのパターンを組み立ててあなたの行動を推測できてしまう恐れがある。連邦当局は、すでにトランザクションの機械学習を使用して、AlphaBayなどの闇市場サイトでの消費パターンを解読している。※11

暗号通貨における匿名性、秘匿性、プライバシーは、一般に新規参加者にまつわるもので、悲惨な結末を招くこともある。ビットコインアドレスと

※11 Science Magazine(サイエンスマガジン)、「Why Criminals Can't Hide Behind Bitcoin(ビットコインではなぜ陰に隠れて不正行為ができないのか)」、2016。

イーサリアムアドレスは本来仮名だ。実際の名前や情報に結びつくものではない。しかし、トランザクションを送信したら、誰でもブロックチェーン上でそのトランザクションを参照できるという点でパブリックである。パブリックブロックチェーンには透過性があるといわれるゆえんである。誰かのパブリックキーがわかっていれば、その人のすべてのトランザクションを調べることができる。

スマートコントラクト自体にあるデータは、暗号化されるのではなくエンコードされる。暗号化が使用されるのは、大規模なデータセットをハッシュし、トランザクションの送信者と受信者を検証する場合だけだ。ただし、独自の用途でパブリックイーサリアムチェーンを使用したい場合は、データを自分で暗号化してからイーサリアムスマートコントラクトに保存できる。

後で見ていくように、いずれのイーサリアムトランザクションにも、「Input Data（入力データ）」というラベルを付けてテキストのペイロードを付加する領域が残っている。暗号化しない限り、保管目的でここに秘密事項を保存しようとは思わないこと。暗号化したとしても、一般にイーサリアムブロックチェーン上にパスワードやアカウント暗証番号などの文字列を保存するのはお勧めしない。パブリックなものになり、決して削除できないからだ。ブロックチェーンエクスプローラーと呼ばれるウェブにアクセスできるアプリケーションを使用すれば、誰でもイーサリアムなどのブロックチェーンを探索できるのだ。

▶2.9.1 ブロックチェーンエクスプローラー

ビットコインの場合と同じく、ＥＶＭでやり取りされるトランザクションはすべて公に記録される。図2-9に示したトランザクションは、イーサリアムブロックチェーンの一般的なトランザクションである。送信者または受信者のアドレスをクリックすると、そのアドレスのトランザクションを確認できる。アドレス作成以降のすべてのトランザクションを見ることができるのだ。この画面は、イーサスキャン※12から取得したものであるが、誰でも自由にパブリックイーサリアムチェーン用のブロックチェーンエクスプローラーを作成できる。

NOTE

ブロックチェーンエクスプローラーにはネットワーク内のすべてのトランザクションを記録した履歴が表示されるので、トランザクションの履歴をつなぎ合わせることができる。トランザクション詳細を手動で記録する必要がないのだ。

図2-9に示すように、トランザクションには相当数の属性がある。これらのフィールドが表す意味については、第3章で詳しく説明する。今のところは次のように考えておくとよい。イーサを送受信するというのは、参加者にとっても参加者からそのことを聞いた人にとってもプライベートな事柄だ。パブリックキーはもともと仮名だが。

このようなトランザクションは厳密に言えば秘密ではない。すべてのトランザクションがブロックチェーンに公開されるからだ。アカウント間を飛び回るお金をたどっていくのは容易ではない。

※12　イーサスキャン　https://etherscan.io

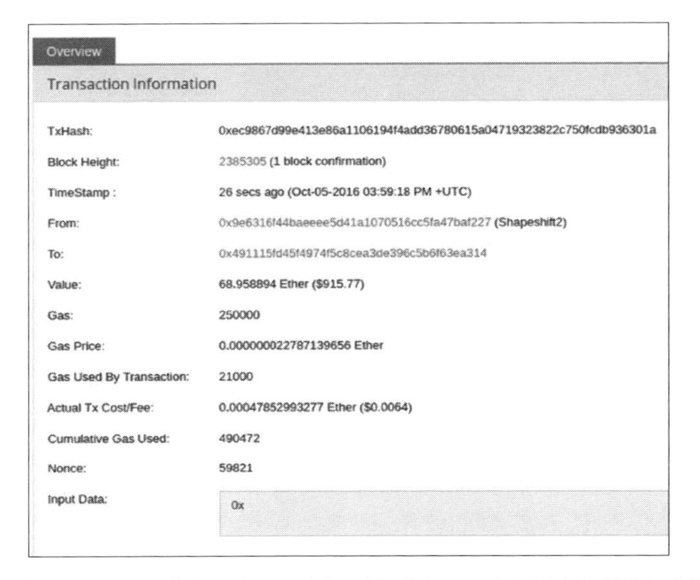

図2-9：イーサとビットコインのすべてのトランザクションは自分の識別情報に結びつかないようにしているユーザーもいれば、何年も同じパブリックキー使用して、さまざまな種類の寄贈や寄付のための受け口として宣伝しているユーザーもいる。

2.10 まとめ

ここまで足早に説明してきた。この章では、ウォレットとイーサリアムクライアントについて詳しく学習した。この章を読み進めながら、実際にMistの同期を開始しただろうか。もしそうなら同期はまだ終わっていないはずだ。その間に、スマートコントラクトをデプロイする準備を進めよう。

次の章のためにUbuntuマシンにアクセスする必要はないが、4、5、8、9の各章のために準備しておくことをお勧めする。その間、次の章に進んでイーサリアム仮想マシンの仕組みについて学習しよう。

第3章 EVMが世界を1つの巨大なコンピューターにする

イーサリアム仮想マシン（EVM）は、
少額の手数料をイーサで支払えば、
誰でも使用できる
世界規模のコンピューターである。

EVMは、単一のグローバルな256ビット「コンピューター」である。すべてのトランザクションがネットワークの各ノードにローカルに存在し、相互に同期しながら処理される。世界中からアクセスできる仮想マシンであり、多数の小型のコンピューターで構成されている。

ノードやウォレットアプリケーションを持っていれば、誰でもこの巨大なコンピューターにアクセスし、簡単な操作で任意に大量の価値（お金）をほぼ瞬時に移動できる。このグローバルな仮想マシンを使用することは誰にでもできるが、マシン内に偽のお金を作成することは誰にもできない。許可なく資金を移動することもできない。

EVM全体（すべてのノード）に同じトランザクションを複製し、数千ものコンピューター間で同じ状態を隷属的に維持するのは、無駄が多いように見えるかもしれないが、今日の金融サービスITの仕組みと比較してみることが大切だ。比較すればわかるが、EVMは、簡潔さと効率のお手本のようなものだ。さらに重要なのは、EVMに無駄な要素はないということだ。

この章では、EVMが実際にどのようにネットワークのセキュリティを確保しているのかを見ていく。

3.1 これまでの中央銀行ネットワーク

今日、一般企業や保険会社や大学やその他の大手機関投資家は、それぞれの従業員やビジネス上の関係者のためにソフトウェアサービスとITを構築し、保守するのに信じられないほどの金額を費やしている。各社のさまざまな（キャッシュの）流入と流出は、大手民間銀行に合わせて調整されている。銀行によってアーキテクチャー、ポリシー、コードベース、データベース、インフラストラクチャー層がまちまちだからだ。もちろん、これはすべてFedwire（フェドワイアー）を土台としている。Fedwireは、連邦準備制度の「即時グロス決済」（Real-Time Gross Settlementの略でRTGS）だ。

連邦準備制度とは米国の中央銀行のことだ。連邦準備制度に加盟するすべての銀行が、Fedwireを使用して電子米ドルで最終支払いを決済している。州認定の銀行であれば、Fedwire内で株を購入することでFedwireのメンバーになることができる。Fedwireを所有し運用しているのは、12の連邦準備制度銀行自体だ。手数料は徴収するが、営利目的で運用しているわけではない。

Fedwireは、毎日途方もない量の米ドルを処理する。その金額は何兆円にも上る。すばらしい特徴もある。既存の承認済み口座のすべてを対象に当座貸越制度が用意されていることがその1つだ。また、信頼性の高いことで知られ、海外への送金にも適用されるし、さまざまな形で100年ほど運用されてきた。

想像がつくだろうが、Fedwireソフトウェアのセキュリティと信頼性を維持するには、とてつもなく費用がかかる。RTGSを土台としてその上にレイヤーを構築・維持するにも、高い費用がかかる。最終的に、このようなコストは民間銀行を使用する企業が手数料という形で負担することになる。そうした企業は、自社のITインフラのコストも抱えている。全体として見ると、このようなコストは最終的に価格や手数料の高騰となって消費者に降りかかってくる。

3.2 仮想マシンとはいったい何か

本書の冒頭で仮想マシンについて説明したが、そのときには仮想マシンにあまり詳しくなかった読者も、ここまで読み進めてきた今では仮想マシン（VM）について次のように理解しているはずだ。イーサリアムの文脈で言えば、単一の巨大なグローバルコンピューターであり、それ自体もコンピューターであるノードで構成されていると。

一般に、仮想マシンはあるコンピューターシステムを別のコンピューターシステムでエミュレーションしたものである。このようなエミュレーションは、エミュレーションのターゲットと同じコンピューターアーキテクチャーに基づいているが、通常、そのアーキテクチャーをターゲットが本来意図したものとは異なるハードウェア上で再現する。仮想マシンは、ハードウェアかソフトウェア、あるいはその両方で構築できる。イーサリアムの場合は両方である。イーサリアムは、Fedwireのように分散する数千ものマシンを安全にネットワークでつなぐのではなく、地球全体を網羅できる単一の巨大なマシンを安全に運用するというアプローチを取る。

さまざまなオペレーティングシステム向けのイーサリアムクライアントがずらりと並んだリストを見るとわかるように、EVMはエミュレーションが数千ものマシンで一体となって動作しているようなものだ。個々のマシンでは、Wi ndows、Linux、ethOS、macOSの数十ものバージョンのいずれかが動作している（ethOSの詳細は、第6章を参照のこと）。

▶3.2.1 | バンキングにおけるイーサリアムプロトコルの役割

ブロックチェーンベースのシステムは、（金融の世界のトップである）中央銀行が使用するのに適しているのか、それとも実際には中央銀行に置き換わるものなのか。その結論を下すのは本書の範囲を超えているが、中央銀行自体がこの技術を採用する可能性のほうがはるかに高いと言えるだろう。民間銀行が関心を持っているのは確かだ。

Fedwireシステムは、州認定の銀行とその実務者に合わせてユーザー体験を調整した決済システムである。たとえば、リテール銀行のエンドユーザーに対する配慮はほとんどないかまったくない。それはリテール銀行の仕事というわけだ。

ソフトウェア開発者なら、Fedwireを「銀行向けのプラットフォーム」と認識するはずだ。銀行がFedwire上に何を構築するかというのは、同じくFedwireシステムを利用する他の銀行と何を持って差別化するかということになる。顧客体験か、オンラインバンキングツールか、実店舗の支店か、金融商品か、それともクロスセル（関連商品の同時購入を勧める販売方法）か。

▶3.2.2 | 誰でもバンキングプラットフォームを構築できる

イーサリアムは、それに比べるとはるかに一般化されている。イーサリアムを使用すれば、誰でも素早くネットワークを構築できるだけでなく、Fedwireと同程度以上にセキュリティと信頼性を確保し、セキュアな価値転送をほぼ瞬時に行えるようになる。しかし、これはイーサリアムの出発点にすぎない。開発者は、自動化された改ざん不可のスクリプトを使用して、このセキュアな台帳上に必要に応じてどんな金融商品やビジネスロジックでも構築できる。従来の集中管理型ホスティングおよびバンキングインフラストラクチャーにのしかかっていたオーバーヘッドは不要だ。

ここで1つ疑問がある。イーサリアムは、Fedwireほどに速度や規模をスケールさせられるのかということだ。その答えはイエスで、確かにできる。ただ、あと数年待つことになる。トランザクションサイズにもブロックサイズにも仕組み上の制限はない。ビットコインでは、ブロックのサイズは1MBに制限されている。つまり、1秒あたり約7個のトランザクションということになる。イーサリアムでは、このような制限は需要とネットワークキャパシティーに従って増減する。

ただし、ブロックのサイズを無制限にできるということではない。イーサリアムネットワークの作業単位がgasで価格設定されていることを思い出してほしい。このため、規模が大きく複雑なスマートコントラクトでは、保存と実行により多くのgasが必要になる。1つのブロックあたりに費やすことができるgasの最大量は変動するが、最大限度がある。理論的には、1つの大規模なトランザクションで単一ブロックのgasリミット全体が消費されてしまう可能性がある。しかし、継続的な需要があって今以上のgasリミットが必要になると、ブロックあたりのgasリミットが0.09%の増分で拡大される。※1

これは、金融サービス業界にとってどのような意味があるのか。破滅でないことは確かだが、予想もしないような競争が待っているはずだ。その影響を受けて、バンキングサービスが切り離されてずっと小さなブランドになる可能性がある。イーサリアムのパブリックチェーンは、今後スケールしていき、より多くのトランザクションをより速く処理できるようになっていくからだ。

※1 この仕組みの詳細は、「Ethereum Yellow Paper, equations 40-42(イーサリアムイエローペーパー、等式40-42)」を参照のこと)。本書(原著)執筆時点で、gasリミットはブロックあたり404万1325gasである。https://ethereum.github.io/yellowpaper/paper.pdf

ブロックチェーン中心のポッドキャストUnchainedの作者兼主催者であるローラ・シン氏が、2016年にサンフランシスコのブロックチェーンベンチャーChainのアダム・ルドウィン氏にインタビューした。その記事には、次のように書かれている。

ネットワークの所有者について考えてみると、現在のシステムでは、Chaseに行って現金50ドルを預けた場合、連邦準備制度が発行したそのお金はChaseが自行のネットワークで保有することになる。しかし、「銀行がネットワークを運営するのではなく、Fedwireがブロックチェーン上に再構築されるようになる」とルドウィン氏は言う。Fedwireは加盟銀行間で支払いを電子的に決済するためのシステムだが、これをブロックチェーン上に再構築し、銀行はそこで転送を行うためのキーを保有することになるというのだ。
そうすれば、金融機関でなくてもこうした通貨の保管機関になることができる。「わずかな金額があれば、銀行を必要としなくなる」と、ルドウィン氏は言う。「グーグルやアップルやフェイスブックが少額の電子マネーを保有する可能性はあるだろうか。誰が保管機関なのか、あるいは誰が保管機関になることができるのかというモデルは変わるのか。その答えはイエスだ」。ピア・ツー・ピアレンディングの道は、これから広く切り拓かれていく。消費者が銀行に融資を依頼することも少なくなるはずだ。※2

※2 Forbes(フォーブス)、「Central Banks Explore Blockchains: Why Digital Dollars, Pounds Or Yuan Could Be A Reality In 5 Years(中央銀行がブロックチェーンの探索に乗り出す:ドルやポンドや元を5年のうちにデジタル化できる可能性がある。その理由とは何か)」、https://www.forbes.com/sites/laurashin/2016/10/12/central-banks-explore-blockchains-why-digital-dollars-pounds-or-yuan-could-be-a-reality-in-5-years/#3f80b6e1645f、2016。

3.3 EVMは何を行うのか

ここまでで、EVMの姿がよく見えるようになったかもしれない。Fedwireのような機能を安価で提供しながら、ほかにも多数のマジックのような機能を備えた、セキュアで所有者のいない一般化された仮想マシンだ。ではいったい何をしているのだろうか。

EVMは、Solidity言語で記述された任意のコンピュータープログラム(第1章で触れたスマートコントラクト)を実行できる。このようなプログラムでは、ある入力に対して(内部状態も同じなら)常に同じ出力が生成され、同じ状態変化を起こす。これにより、Solidityプログラムは完全な決定性を持ち、実行が保証される。ただし、トランザクションに対して十分な支払い能力があることが条件だ。gasでの支払いについては、この章の後半で説明する。

NOTE

Solidity言語で記述された任意のコンピュータープログラム、とあるが、実際には他の言語も存在し、それらも実行可能である。(監訳者より)

Solidityプログラムでは、コンピューターで遂行可能なあらゆるタスクを表現できる。つまり、理論的にはチューリング完全になる。どういうことかと言うと、分散ネットワーク全体(すべてのノード)がプラットフォームに対して実行されたすべてのプログラムを処理するということだ。あるユーザーが自分のイーサリアムノードを介してスマートコントラクトをアップロードすると、そのスマートコントラクトは最新のブロックに含められてネットワーク全体に伝播される。こうして、ネットワーク内のどのノードにも保存される。

すでに説明したように、EVMのすべてのノードが、ブロック処理プロトコルの一部として各々のノードで同一のコードを実行する。ノードはブロックを調べて、トランザクション内にコードが組み込まれていれば処理して実行する。各ノードは、これを個別に行う。高度に並列化されているのではなく、高度に冗長化されているのだ。

こうした具合なのだが、グローバルな台帳の収支を合わせる場合には信頼できる効率的な方法である。世界各地の銀行が独自のITシステムを統合したり、業種ごとにさまざまなシステムを用意したりしているが、それにはいったいどのくらいのお金やパワーや人的エネルギーが費やされているのか。この点だけは十分に留意してほしい。イーサリアムベースのバンキングシステムでは、すべてのユーザー（企業か個人かを問わない）が、同じFedwireのようなシステムに直接無料でアクセスして、トランザクションをプログラミングできる。プロトコルは無料のオープンソースなので、誰でもノードを起動して接続できる。前に述べたFedwireシステム前の説明は、あいにく暗号通貨には当てはまらない。ただ、大規模なパブリックブロックチェーンの利点を理解するには欠かせない説明だ。

Homestead Documentation Initiative※3では、コミュニティーでまとめられたイーサリアムプロジェクトに関する最新のドキュメントを参照できる。ここにあるドキュメントは、イーサリアム財団の承認を得たものではないが、技術概念を平易な言葉で説明しているのでよく参照されている。

技術の詳しい説明とEthereum Improvement Proposal（EIP）を参照するには、イーサリアムwiki※4にアクセスしてほしい。wikiには、Ethereum White Paper（イーサリアムホワイトペーパー）の記事がある。本書を読み終えた後でもまだイーサリアムの仕組みについて疑問がある場合は、ホワイトペーパーや前述のイエローペーパーを読むと答えが見つかるかもしれない。イーサリアムwikiには、これらの資料へのリンクがある。

第11章には、イーサリアムプロジェクトに関連付けられた学術論文を

※3 Homestead Documentation Initiative http://www.ethdocs.org/en/latest/

※4 イーサリアムwiki https://github.com/ethereum/wiki/wiki

紹介している。プロジェクトの今後に関する論文で、取り上げられているトピックはイーサリアムパブリックチェーンのスケーラビリティーや、イーサリアムパブリックチェーンとプライベートチェーンやコーポレートチェーンとの相互運用性などだ。

◆グローバルな単一マシン

EVMは、状態を共有するトランザクション単一マシンである。これは文字どおり1つのマシンという意味ではなく、コンピューティング的に1つの巨大なデータオブジェクトのように動作するという意味だ。各地に散らばるマシンが1つのネットワークを構成し、各マシンが単独で動作し、絶え間なく互いに通信する（ノンプログラマーの読者なら、第1章で学んだ「オブジェクトは情報の小さな塊だ」ということを覚えているかもしれない。一定の形式でフォーマットされた情報で、属性だけでなくその属性を読み取ったり変更したりするためのメソッドが含まれているということだった）。

3.4 EVMアプリケーションはスマートコントラクトと呼ばれる

ソフトウェア開発者の観点から見ると、ＥＶＭはネットワークで実行できる小さなプログラムのランタイム環境でもある。

▶3.4.1 「スマートコントラクト」という名前

この言葉の語源を探っても退屈するだけなので、ここでは1つのことをはっきりさせよう。この文脈では、コントラクトは特定の種類の契約、つまり金融契約のことである。日常使われている言葉で言えば、デリバティブやオプションと呼ばれているものだ。金融契約とは、将来のある時点での購入および販売に同意することだ。価格は通常、指定された価格になる。イーサリアムの文脈では、スマートコントラクトは特定の条件が満たされたときにイーサの転送（つまり、支払い）を実施することにアカウント間で同意することである。

このようなコントラクトが「スマート」と呼ばれる理由は、コントラクトがマシンによって実行され、資産（イーサやその他のトークン）が自動的に移動するからだ。これらのコントラクトは、作成後数百年経っても実施できるはずである。そのときにもネットワークは引き続き稼働しているものと想定されているからだ。また、多数の不正行為者が妨害しようとしても、コントラクトの実施を止めることはできない。EVMは完全にサンドボックス化され、妨害とは無縁なのだ。しかも、他のネットワークから分離されているため、当事者であってもスマートコントラクトを取り消すことはできない。実際問題としてなぜこのようになっているかと言うと、スマートコントラクトには資産（イーサやその他のトークン）をエスクローで保有し、コントラクトの条件が満たされたときに資産を移動する権限が与えられているためである。

▶3.4.2 ｜ EVMはバイトコードを実行する

EVMにはEVMバイトコードという独自の言語があり、スマートコントラクトはそのコードにコンパイルされる。Solidityは高水準言語だ。バイトコードにコンパイルしてから、Mistブラウザーやフルノードなどのクライアントアプリケーションを使用して、イーサリアムのブロックチェーンにアップロードする。

3.5 ステートマシンについて

EVMは、ここまで何度か説明してきたとおり、ステートマシンである。ここでは、単にこの概念を定義して先に進むのではなく、少し時間を取ってコンピューターとはいったい何であるのかを説明しよう。その後で、イーサリアムがその概念をどのように発展させているかを見ていく。

▶3.5.1 デジタルかアナログか

ステートフルコンピューターという概念の基礎にあるのは、オンやオフにできるスイッチという考えだ。マシンの共通語と言えば1と0だが、これは、例えて言うならスイッチをずらりと並べたようなものである。特定の文字や数値やその他の記号を表現するために、スイッチを特定の組み合わせで並べるのだ。キーボード上のすべての記号(とそれ以外の入力は、ほんの8個のスイッチで表すことができる。コンピューターのメモリーが8の倍数単位でスタックされるのはそのためだ。たとえば、コンマの文字コードは0010 1100である。

コンピュータープログラミングでは、文字と数値を使用して、コードと呼ばれるマシン語命令を口語的に記述できる。研究者であり米国海軍少将でもあるグレース・ホッパー氏(図3-1参照)が最初のコンパイラーを発明した。コンパイラーは、人が判読可能なコードを自動的にマシンコード(EVMのバイトコードなど)に変換する。マシンコードは抽象性が低く、そのために普段よく耳にする1と0の世界に一歩近づいたものとなっている。[※5]

※5 ウィキペディア、「グレース・ホッパー」、https://en.wikipedia.org/wiki/Grace_Hopper、2016。

図3-1：海軍少将グレース・ホッパー氏は、1944年にハーバードのMark Iコンピューター用のコードを記述した最初のプログラマーの1人だ（出典：ウィキペディア）。

▶3.5.2 ｜ ステートメント

コードの個々の断片をそれだけで見た場合、大きく2つに分類される。「式」と「文」だ。式は特定の条件を評価する場合に使用し、文（英語では「状態」を基語とする）は情報をコンピューターのメモリーに書き込む場合に使用する。式と文により、コンピューターは特定の条件が満たされたときに予測可能な方法でデータベースを変更できるのだ。これが自動化の核心であり、コンピューターを実に便利だと思う理由でもある。

文は真または偽の評価結果とコードに応じて、数あるメモリーアドレスのいずれかに対して情報を追加、削除、または変更できる（Solidity言語では厳密に型指定されるため、JavaScriptと同じく「真」と「偽」に評価されるステートメントがない）。真と偽、はいといいえ、オンとオフとを明確に区別しているからこそ、コンピューターは人に代わって問題なく決定を下すことができるのだ。

▶3.5.3 ｜ 状態におけるデータの役割

コンピューターのメモリー内のデータを変更するたびに、膨大な数の内部スイッチ（そのほとんどは、この章の前半で説明したのと同じ方法で仮想化されている）は異なる組み合わせになっていると考えていい。状態は一般に、システムの現況を表す。マシンのさまざまなメモリーアドレスで目的に沿って一連の情報変更が行われ、その結果、そのメモリーは現在の内容になっているというわけだ。

属性と状態を区別することが重要である。状態は、容易かつ予測可能な方法で変更できるものだ。自動車を例にとって考えてみよう。

車を塗り替えるのは大変な作業だが、できないことではない。塗り替えの色が属性の一例である。擬似コードにすると、車について次のように言うことになる。

```
bodyColor = red
```

コンピュータープログラミングでは、これをキー／値のペアと呼ぶ。キーbodyColorには、値が割り当てられている。それがredだ。このキーの値を変更するには、次のように、値を何か別のものにするステートメントを新たに作成する。

```
bodyColor = green
```

これで車の色は塗り替えられた。新しい色の値になったのだ。

では、この車の色を頻繁に変更するようにコンピューターに指示するとしよう。つまり、車の色を変数にするのだ。変数（この例では色）は状態を持つことができると言える。変化する値のことだ。しかし、緑などの個々の値には状態がない。緑は単に緑である。

変更可能な状態を持つ変数のもう1つの例に、オドメーター（走行距離計）がある。オドメーターの値が1,000になったとしよう。これ自体は状態がない数値である。単なる数値だ。まもなく、オドメーターの状態が新しい値（1,001）に変更されるだろうが、そうなるのは車の運転席からコマンドが送り出されて、モーターとトランスミッションが状態をニュートラルからファーストギアに変更するというような場合だけだ。

ノンプログラマーの読者も、状態遷移という概念をよく理解しておくと役に立つ。分散システムの設計で真に困難な問題にぶつかっても、問題の核心を洞察できるようになる。この章では、以後のセクションに特訓コースが用意してある。

3.6 EVMの心臓部の働き

コンピューターの内部を覗くのが初めてなら、ぜひ留意しておくべきことがある。コンピューターに電源が入っている限り、コンピューターが本当の意味で「休止」することはないということだ。コンピューター自体は、状態関数を実行して、状態への変更がないか常時チェックしている。これは、熱心すぎるインターンのようなものだ。何か新しい仕事が自分の机に届いていなかったか、1秒に何千回も知りたがるというわけだ。

新しい命令がトリガーとなることで、コンピューターはコードを実行し、新しいデータをメモリーに書き込むことができる。ここで重要なのは、各状態変更は最後の状態変更に基づく必要があるということだ。コンピューターは、単に行き当たりばったりに情報をメモリーアドレスに渡すのではない。

万一何か誤りがあったらどうなるか。たとえば、こうした命令のいずれかが数学的に不可能であったとしよう。マシンの状態は無効になり、プログラムは終了または停止する。実際、システム全体がクラッシュする恐れがある。

特定の条件を継続的にチェックするプログラムをプログラミングで

はループと呼ぶ。指定された条件が満たされるまで継続的に動作する（ループする）からだ。EVMは、ループを継続的に実行して、現在のプログラムカウンターにあるどんな命令でも実行しようとする（どんなプログラムも「デッキ上にある（処理の準備が整っている）」）。プログラムカウンターは、総菜店の行列と同じような働きをする。各プログラムは、番号を取得してその順番になるまで待機する。

このループで行うジョブは少ない。命令ごとにコストをgasで計算し、この計算が正常に完了したら必要に応じてメモリーを使用してトランザクションを実行するだけだ。このループは、VMがデッキ上のすべてのコードを実行し終えるか、例外やエラーをスローしてトランザクションをロールバックするまで繰り返される。

ここまで、一世紀分ものコンピュータサイエンスをざっと見てきた。EVMの概要をつかむのが目的だ。ここからはゆっくりと見ていく。EVMの要素をいくつか取り上げて、その動作の仕組みを説明する。

▶3.6.1 | EVMはトランザクションがないか継続的にチェックする

ステートマシン（メモリー搭載のマシン）は、決して眠ることのない人であると考えることができる。ステートマシンとして、EVMにはすべてのトランザクションの履歴がメモリーバンク内に絶え間なく蓄積される。こうして最初のトランザクションまで遡ることができるようになっている。人の記憶は不完全であるが、コンピューターの状態（今日も何らかの状態になっている）は最初にスイッチが入れられてから何度もそのマシン内で変更され、その結果が今の状態としてある。

マシンの最後の状態は、このマシンの「真実」であると言える。現状どうなっているかということだ。イーサリアムでは、この真実とはアカウント残高を表す。残高は、一連のトランザクションによって現在の状態に変更されてきた。

▶3.6.2 ｜何が起きたかを記述する共通マシン語の作成

トランザクションは一種のマシン語だ。状態間をコンピューター処理できる円弧でつなぐ。ギャビン・ウッド氏のイーサリアムイエローペーパーでは、次のように述べられている。

> 有効な状態変更よりも無効な状態変更が山ほどある。たとえば、アカウント残高を減らしたら、その同じ金額だけ別の場所にある対応するアカウント残高を増やさなければいけない。これを行わないと、無効な状態変更になる。有効な状態遷移は、トランザクションを介して発生する。※6

時が経つにつれて、システムは後続の各状態変更が正当なものであり、不正者による指示が紛れていないことを保証する、信頼可能な履歴を作っていく。

▶3.6.3 ｜暗号ハッシュ

次の節では、ブロックについて説明する。ブロックには何が含まれ、ブロックはどのように機能し、ブロックはどのようにチェーンを作るのかを見ていく。この説明を正しく理解するには、まず暗号ハッシュアルゴリズムとそれがどのような用途に向いているのかについて学習する必要がある。

※6 Gavwood.com、「Ethereum: A Secure Decentralised Generalised Transaction Ledger（イーサリアム:セキュアな分散型汎用トランザクション台帳）」、http://gavwood.com/paper.pdf、2016。

▶3.6.4 | ハッシュ関数は何を行うのか

一般に、ハッシュ関数(またはハッシュアルゴリズム)の目的は、ブロックチェーンの文脈で言うと、大規模なデータセットをすばやく比較し、その内容が同じようなものかどうかを評価することだ。一方向(不可逆)アルゴリズムにより、ブロックのトランザクション全体を処理して32バイトのデータにする。これは文字と数値からなるハッシュ(文字列)で、トランザクションを識別するための情報はいっさい含まれていない。ハッシュは、ブロックの明白な署名を作成できる。これで、そのブロック上に次のブロックを構築できるようになる。これは、暗号化による暗号テキストとは異なる。暗号テキストは復号できるが、ハッシュの結果は「ハッシュ解除(元のデータを逆算すること)」ができない。

NOTE

特定のデータセットのハッシュは常に同じ値になる。また、2つのデータセットが似たようなハッシュを生成することはない。データセットの1文字でも変更すれば、まったく異なるハッシュになる。

3.7 | ブロック:状態変更の履歴

イーサリアムネットワークでは、トランザクションと状態変更は各ブロックに入れられて、ハッシュ化されている。各ブロックの妥当性を検証すれば、そのブロックの「上」に次の正規ブロックを配置できるようになる。これにより、ネットワーク上のノードはイーサリアムネットワークの履歴を調べて各ブロックの信頼性を個別に評価しなくても、ネットワーク上にあるアカウントの現在の残高を計算できる。単に「親ブロック」が最新の正規ブロックであることを検証するだけだ。これは簡単だ。新しいブロックに親のトランザクションと状態を正しくハッシュした値が含まれていることを確認すればよい。

ネットワークがオンラインになってから最初にマイニングされたブロックを敬意を込めてジェネシスブロックというが、これを含めてすべてのブロックがつながったものをブロックチェーンと呼ぶ。人によっては、ブロックチェーンのことを分散台帳または分散台帳技術（DLT）と呼んでいる。

台帳とはよく言ったもので、確かにチェーンではすべてのトランザクションがネットワークの履歴に残される。まさに、アカウントの残高を記録した巨大な帳簿と言えるものだ。ただし、ほとんどのいわゆるデジタル台帳は、ビットコインとイーサリアムのように、ネットワークを保護するのにプルーフ・オブ・ワーク（proof-of-work、PoW）を使用しない。

▶3.7.1 ブロック時間について

ビットコインでは、1ブロックは10分だ。このいわゆるブロックタイムは、ビットコインの発行スキームにハードコード化された定数によって定められている。2009年から2024年までに合計2100万個のコインがリリースされ、報酬は4年ごとに半分になっていく。

イーサリアムでは、ブロック時間はイーサの発行スケジュールに組み込まれてはいない。そうではなく、ブロック時間はできる限り低い値に維持される変数である。トランザクションをすばやく確認するためだ。本書を執筆している時点で、平均約15秒である。イーサリアムのほうがブロック時間が短いのは、ビットコインの開始後のブロックチェーン研究の成果によるものだ。研究の結果、ブロック時間の短縮は技術的に可能であるだけでなく、さまざまな点で望ましいことがわかったのだ。ただし、ブロック時間の短縮にはいくつか欠点もある。これについては、第6章で詳しく説明する。

▶3.7.2 | 短いブロックの欠点

ビットコインでは確認に時間がかかり、それが小売商取引やその他の実用化を難しくしている。ブロックが短く、トランザクションの移動が速くなれば、ユーザー体験は向上する。ただし、ブロックが短く、トランザクションの移動が速くなると、ノードによってはトランザクションの順序が誤ったものになる可能性が高くなる。トランザクションの発生元が遠く離れていると、その発生を認識しない（あるいは後で認識する）ことがあるからだ。

これを補うために、有効にも関わらず正当でないと見なされたブロックを見つけたマイナーには慰労として手数料が支払われる（通常の手数料よりは減額される）。イーサリアムでは、このようなブロックを「アンクル」と呼ぶ。

何をもってブロックの正当性や勝者（見つけた人）を決めるのかは、第6章の主要なテーマだ。イーサリアムブロックプロトコルの詳細を参照するには、wiki/Block-Protocol-2.0※7 にアクセスしてほしい。当面は、EVMの概要を続行しよう。

▶3.7.3 | 「単独ノード」ブロックチェーン

理論的には、単一のコンピューターで多数のノードからの変更を調整できる。集中管理型サーバーがトランザクションの順序を処理すればよい。実際には、Google Docsなどのウェブアプリケーションは高度なリアルタイムエンジンを搭載していて、これが複数のユーザーによる変更の競合に対処する。他のユーザーよりも接続速度が速いユーザーもいれば、依然としてオフラインでドキュメントを編集しているユーザーもいる。

第9章で自分のブロックチェーンの速度を上げるときに見ていくが、単

※7 wiki/Block-Protocol-2.0 https://github.com/ethereum/wiki/

一のマシンでイーサリアムプロトコルを使用できる。チェーンで1つ以上のノードがマイニングされている限り、このマシンはトランザクションを問題なく処理する。しかし、誰かにマシンをオフラインにされたら、チェーンにアクセスできず、トランザクションは処理されなくなる。

このため、イーサリアムは無料のオープンソフトウェアであるにもかかわらず、弾力性のあるネットワークを構築するのにいくつものノードが必要になる。そして、このことにより、開発者たちが1つのコミュニティーとして集結し、少数のパブリックチェーン上で（ほとんどの）作業を行っている。※8

▶3.7.4 分散セキュリティ

イーサリアム仮想マシンは、分散という性質を持ち、実際に世界各地に分散する数多くのノードで構成されている。つまり、差分マッチング問題を解決しなければならないということだ。この問題が発生するのは、世界中の多数のユーザーから同じデータベースに対していくつもの変更がほぼ同時に行われる場合だ。※9

実際、この問題を検証可能な信頼できる方法で解決するのが、EVMとビットコイン仮想マシンの目的である。EVMに耐障害性とセキュリティをもたらしているのは、ネットワークでマイニングしている多数のマシンだ。そこには、イーサやビットコイン建てで手数料を稼ぐことができるというインセンティブが働いている。これについては第6章で詳しく説明するが、その前にここで簡単に見ていくことにする。

※8 Bitcoin Wiki（ビットコインWiki）、「Controlled Supply（供給の制御）」、https://en.bitcoin.it/wiki/Controlled_supply、2016。

※9 Google Code（グーグルコード）、「Diff-Match Patch（差分マッチングパッチ）」、https://code.google.com/p/google-diff-match-patch/、2016。

3.8 状態遷移機能におけるマイニングの位置付け

マイニングは、計算作業によってブロック(マイナーが最近実行したトランザクションの履歴)を正規ブロックとしてノミネートするプロセスである。このブロックがチェーンの最新のブロックになる。これが正確にどのように行われるかは第6章の主要なテーマであるが、なぜここで取り上げるかというと、マイニング報酬が状態遷移機能の一部として発生することを示すためだ。マイニングにより、有効な状態変更に必要なコンセンサスが得られる。マイナーには、コンセンサス構築に貢献したことに対して支払いが行われる。このようにして、イーサとビットコインは「作成」される。

新しいブロックを作成するたびに、ネットワーク上のノードがそのブロックをダウンロードし、処理して検証することを思い出してほしい。処理中に、各ノードはブロックに含まれているすべてのトランザクションを実行する。これは多くのステップからなる長いプロセスだが、まとめてみよう。イーサリアムの状態遷移機能は、英語で記述されている。※10 ブロック内のトランザクションごとに、EVMは次のことを実行する。

1. トランザクションが適切な形式であるかどうかをチェックする。価値の数は適切か。署名は有効か。トランザクション上のナンス(トランザクションカウンター)はアカウント上のノンスと一致するか。このうち1つでも満たされなければ、エラーを返す。

2. 必要な作業量(STARTGASで表される。表3-1を参照)にgas価格を乗算して、トランザクション手数料を計算する。次に、ユーザーのアカウント残高から手数料を控除し、送信者のノンス(トランザクションカウン

※10 Ethereum White Paper(イーサリアムホワイトペーパー)、「Ethereum State Transition Function(イーサリアム状態遷移機能)」、2016 https://github.com/ethereum/wiki/wiki/White-Paper#ethereum-state-transition-function

ター）を増分する。アカウントに十分なイーサがない場合は、エラーを返す。

3.gas支払いを開始する。以後、トランザクションで処理されるバイトごとに一定量のgasを差し引く。

4.トランザクションの価値（送金額）を受信アカウントに転送する。
受信アカウントがまだ存在しない場合には作成される（オフラインイーサリアムノードがアドレスを生成できるため、トランザクションが発生するまでネットワークが特定のアドレスを認識しないことがある）。受信アドレスがコントラクトアドレスであれば、コントラクトのコードを実行する。これは、コードの実行が完了するか、gas支払いが失効するまで続く。

5.送信アカウントにトランザクションを完了できるだけの十分なイーサがない場合や、gasが失効した場合は、このトランザクションからの変更がすべてロールバックされる。注意したいのが手数料だ。マイナーに移動されたままで、払い戻されない。

6.他の理由でトランザクションがエラーを発行した場合、送信者にgasを払い戻し、使用されたgasに関連付けられた手数料をマイナーに送信する。

NOTE

スマートコントラクトデータは、前述のように、状態遷移のステップ４で実行される。

3.9 EVMでの時間のレンタル

もうお気づきの読者もいるだろうが、EVMはいくぶん慎重なところもあるマシンである。とはいえ、現在稼働するどのネットワークよりもはるかに信頼性が高い。EVMが実行する命令には、常にコストが伴う。無用なスパムコントラクトによってシステムが台無しにならないようにするためだ。

命令が実行されるたびに、内部カウンターが発生した手数料を記録する。手数料はユーザーに課金される。ユーザーがトランザクションを開始するたびに、そのユーザーのウォレットはごく一部の金額（ユーザーが選択した金額）を取っておいて、こうした手数料の支払いにあてる。

トランザクションが特定のノードからネットワークにブロードキャストされると（ボブが自分のコンピューターからアリスにイーサをいくらか送信したとしよう）、そのトランザクションはネットワーク全体に伝播され、すべてのノードに最新のブロックが含まれるようになる。

以上、ここまでいろいろ説明してきたが、まだEVM内部の表面を剥がしたにすぎない（信じられないかもしれないが）。詳細は、第5章と第6章で学習する。ここでは、手数料の内容、トランザクション実行で手数料が果たす役割、手数料が開発パターンに与える影響をしっかり押さえておこう。

3.10 gasとは何か

gasは、イーサリアム操作のコンピューター処理にかかる費用を算出するのに使用される作業単位である。gasコストは、少量のイーサで支払われる。

gasの目的は2つある。1つは、コードを実行し、ネットワークを保護するマイナーに対して何らかの理由で実行が失敗した場合でも、報酬が事前に支払われることを保証することだ。もう1つは、停止問題に対処して、実行が報酬対象の時間よりも長く続かないようにすることだ。

gasは作業単位であってサブ通貨ではない。保有したり、蓄えたりすることはできない。コンピューティング用語で言えば、単にトランザクションの各ステップの作業量を測定するだけだ。

gasコストに対する支払いを可能にするには、単にアカウントにイーサを追加すればよい。gasを個別に取得する必要はない。つまり、gasトークンはない。EVMで実施できる操作には必ずgasコストが伴う。

NOTE

gasコストは、使用した合計gasに、支払われたgas価格を乗じたものだ。その結果を受けて、特定のトランザクションによる合計手数料が発生する。

▶3.10.1 なぜgasはそれほど重要なのか

gasコストにより、ネットワーク上での計算時間に対して適切な価格が設定されるようになる。この動作はビットコインでは異なる。ビットコインでは、手数料はトランザクションのサイズ（キロバイト）に基づく。Solidityコードは個人の判断でいくらでも複雑になるため、命令が短いコードであっても多数の計算作業が発生することもあれば、長いコードであっても計算作業が少なくて済むこともある。それで、EVMの手数料はトランザクションのサイズではなく実行される作業量に基づいているわけである。

▶3.10.2 なぜgasはイーサで価格設定されていないのか

イーサは暗号通貨交換所で公に取引されるため、価格が変動する。計算作業には、gasを単位とした会計方法を使用するのがよい。計算作業の価格が、大きく変動するイーサトークンの価格と切り離されているからだ。

▶3.10.3 | 規制としての手数料

第7章で見ていくように、ビットコインやイーサリアムなどのネットワークでは、経済的なインセンティブと非インセンティブを使用して、特定の攻撃ベクトルを現実的に意味のないものにする。手数料は、非インセンティブのカテゴリーに分類される。

まずは、イーサリアムノードの運用にはある種のリスクが伴うことを認識しよう。これは重要なことだ。ハードウェアのコストに加え、オペレーターの時間と労力にかかるコスト、さらにはプルーフ・オブ・ワークとブロックヘッダーをダウンロードして検証するためのネットワークのコストもある。このため、いたずらでネットワークのキャパシティーが浪費されるのを防ぐには、トランザクション手数料を導入するのが妥当だ。

gasを過度に消費するブロックは、イーサリアムでは大きな危険となる。サイズが非常に大きくなるため、伝播に長い時間がかかることがあるのだ。システムはユーザーの需要にどのように適応するのか、誰が大規模なスマートコントラクトを正規に使用できるのか。これについては、この章の後半と第6章で明確になる。

プロトコルは、第6章で説明するさまざまな方法を使用して遅延ブロックを切り捨てる。また、操作に流動的な上限を課す。現時点ではブロックあたり65,536だ。※11

3.11 | gasの取り扱い

このセクションでは、gasの取り扱いと、gasがシステムのスケーリングにどのように関連しているかを詳しく見ていく。

※11 GitHub、「Ethereum White Paper（イーサリアムホワイトペーパー）」、https://github.com/ethereum/wiki/wiki/White-Paper、2016。

▶3.11.1 gasの仕様

gasの取り扱いに関する詳細を確認しておこう。

- あいにく、gasという用語は混乱を招く。どのトランザクションにもSTARTGAS値が必要になる。この値をイエローペーパーではgasLimitと呼んでいるが、GethとWeb3.jsではただgasと呼ぶことも多い。
- また、どのトランザクションでもユーザーがgas価格を指定する必要がある。
- トランザクションが実行されている間、STARTGASに規定されている金額がgas価格を乗じたうえでエスクローに保持される。
- トランザクションのために提供したgas価格が低すぎる場合、ノードはトランザクションを処理しない。トランザクションは、ネットワーク上で処理されないままとなる。
- gas価格がネットワークに受け入れられたものの、gasコストが使用可能なウォレット残高を上回った場合、トランザクションは失敗し、ロールバックされる。この失敗したトランザクションはブロックチェーンに記録され、トランザクションで使用されなかったSTARTGASがあれば払い戻される。
- STARTGASを過度に大きくしても、トランザクションの処理が速くなることはない。それどころか、マイナーにとって魅力のないものになる場合さえある。※12

▶3.11.2 gasはシステムのスケーリングにどのように関連しているのか

コンピューターで処理するのが難しい命令セットをEVMに送信したとしよう。それで損害を受けるのは、送信した本人だけだ。この作業に伴う

※12 ConsenSys Media、「Ethereum, Gas, Fuel and Fees(イーサリアム、gas、FUEL、手数料)」、https://media.consensys.net/ethereum- gas-fuel-and-fees-3333e17fe1dc#.ozbhydyz6、2016。

イーサが消費され、トランザクションに割り当てたイーサがなくなると作業は停止する。他の誰のトランザクションにも影響を与えない。トランザクション手数料という形で多大な代償を払わずにEVMを停滞させる方法はない。

スケーリングは、gas手数料システムを介したあるデファクトスタンダードな方法で処理される。マイナーは、最も高い手数料を支払うトランザクションを自由に選択できる。また、ブロックgasリミットを加味して選択することもできる。gasリミットによって、1ブロックあたりどのくらいの計算が発生しうるか（およびどのくらいのストレージを割り当てることができるか）が決まる。

このように、EVMでの計算作業の価格は、システムのユーザーの需要に対してだけでなく、マイナーがトランザクションを処理し、ハードウェアを保守し、電気料金を支払うという重要な作業を行う際に発生するコストに対しても、柔軟かつすばやく対応できるものとなっている。

3.12 アカウント、トランザクション、メッセージ

第2章で説明したように、イーサリアムには2つのタイプのアカウントがある。

- **外部所有アカウント（EOA）**
- **コントラクトアカウント**

各アカウントタイプが実際に何を行うことができるのかを詳しく見ていこう。

3.12.1 外部所有アカウント

外部所有アカウント（EOA）は、プライベートキーのペアによって制御

されるアカウントとも呼ばれる。プライベートキーは、個人や外部サーバーが保持できるものだ。このアカウントは、EVMコードを保持できない。EOAの特性には、以下のものがある。

- **イーサの残高が含まれている。**
- **トランザクションを送信できる。**
- **アカウントのプライベートキーによって制御される。**
- **コードが関連付けられていない。**
- **各アカウントにキー／値のデータベースが含まれ、そのキーと値はどちらも32バイトの文字列である。**

▶3.12.2 コントラクトアカウント

コントラクトアカウントは、人によって制御されない。命令を格納し、外部アカウントや他のコントラクトアカウントによってアクティブにされる。コントラクトアカウントには、以下の特性がある。

- **イーサ残高がある。**
- **メモリーにコントラクトコードを保持する。**
- **トランザクションを送信する人や、メッセージを送信する他のコントラクトがトリガーできる。**
- **実行時に、複雑な操作を行うことができる。**
- **自身の永続的な状態を保持し、他のコントラクトを呼び出すことができる。**
- **EVMにリリースすると、所有者がいなくなる。**
- **各アカウントにキー／値のデータベースが含まれ、そのキーと値はどちらも32バイトの文字列である。**

3.13 トランザクションとメッセージ

トランザクションは外部アカウントから生成され、外部アカウントは通常人間のユーザーによって制御される。これは、外部アカウントがEVMに命令を送信して操作を実行する方法である。つまり、外部アカウントがシステムにメッセージを送る方法だ。コンピューティング用語では、メッセージは命令が含まれているデータの大きな塊である。プログラマーなら、メッセージを関数呼び出しと考えてもよい。

EVMのトランザクションは、メッセージを格納する暗号署名されたデータパッケージで（前に説明したとおり）、イーサの転送や、新しいコントラクトの作成や、既存のコントラクトのトリガーや、計算の実行をEVMに指示する。コントラクトアドレスはトランザクションの受信者にすることができる。外部アカウントを持つユーザーと同様だ。第2章の暗号化通信の説明を思い出してほしい。通信の暗号化に関する部分だ。ここで、トランザクションというのは2人のユーザーが保護されていないネットワークでプライベートに通信するようなものだが、それでも互いに値を「送信」できると説明した。

▶3.13.1 トランザクションの特性

トランザクションには、以下のものが含まれている。

- **受信者アドレス。受信者を指定せず、スマートコントラクトデータをアタッチすると、新しいスマートコントラクトがアップロードされる。これから見ていくように、ユーザーにはコントラクトアドレスが返され、これを参照すれば、今後どこからこのコントラクトにアクセスすればよいかがわかるようになっている。**

- ●送信者を識別する署名
- ●送金額を示す値フィールド
- ●メッセージ用のオプションのデータフィールド（メッセージがコントラクトアドレスに送信される場合）
- ●トランザクションの支払い対象となる計算ステップの最大数を示すSTARTGAS値
- ●送信者がgasに対して支払う手数料を表すGASPRICE値

▶3.13.2 メッセージの特性

メッセージは、コントラクト間で送信されるデータの大きな塊だ（人と人との間で送信されることはない）。メッセージは、シリアル化されることがなくEVMにのみ存在する仮想オブジェクトである。イーサリアムネットワークでは、マイナーに対して支払いを行う場合、マイナーのアドレスの残高を増やすというメッセージが送信される。このことによってトランザクションが構成されることはない。

メッセージは、EVMがコントラクトを実行すると送信される。続いて、CALLオペレーションコードまたはDELEGATECALL命令コードを実行する。命令コードについては、この章の次のセクションで学習する。

NOTE

イーサリアムネットワークは、httpウェブに接続されていないため、httpメソッドを使用しない。代わりに、同じローカルホスト内にメッセージを渡すために従来使用されてきたオペレーションコードを使用する。「1つのグローバルなマシン」といった言葉を含む説明の意味は、まさにこのことだ。ビットコインも同じように機能する。

メッセージは他のコントラクトアカウントに送信され、続いてメッセージに含まれたコードを実行する。このため、コントラクトを互いに関係づけることができる。

メッセージには、以下のものが含まれている。

- **メッセージの送信者アドレス**
- **メッセージの受信者アドレス**
- **値フィールド（送信するイーサがあればその量を示す）**
- **オプションのデータフィールド（コントラクトの入力データが含まれている）**
- **メッセージが使用できるgasの量を制限するSTARTGAS値**

▶3.13.3 ｜演算のgas手数料の見積もり

トランザクションには、すべての計算とストレージに対応できるだけの十分なSTARTGASを指定する必要がある。ただし、EVMには数多くの演算がある。各操作にかかるコストを記憶しておくのは容易ではない。

表3-1に、よく使用されるEVM操作のコストを示す。

表3-1：よく使用されるEVM操作のコスト

演算名	gasコスト	説明
step	1	実行サイクルあたりのデフォルト金額
stop	0	無料
suicide	0	無料
sha3	20	SHA-3ハッシュ関数
sload	20	永久ストレージから取得する
sstore	100	永久ストレージに保存する
balance	20	アカウント残高を照会する
create	100	コントラクト作成
call	20	読み取り専用呼び出しを開始する
memory	1	メモリー拡張時には1語増すごと
txdata	5	トランザクションのデータやコードのバイトごと

（表3-1　続き）

演算名	gasコスト	説明
transaction	500	基本手数料トランザクション
contract creation	53,000	Homestead（Ethereumのバージョン名）21,000から変更

次のURLには、さまざまなEVM操作のコストが含まれているGoogleドキュメントへのリンクがある。

http://gas.eth.guide

3.14 EVMの命令コード

これから見ていくように、EVM操作のいくつかはメソッドとして呼び出すことができる。ブロックチェーンのパラダイムにおいてはさまざまな混乱があるが、特に大きいのはコンピューターサイエンスとネットワーキングのいくつかの領域で従来の技術的慣習を組み合わせていることだ。一例がイーサリアム（およびビットコイン）でのオペコード（オペレーションコード）の使用である。表3-2に、EVMで使用できるオペコードの一部とそれぞれの関数を示す。※13

従来のウェブ開発で、ごく大まかに言ってオペコードに相当するのがHTTP動詞だ。これはHTTPメソッドとも呼ばれる。GET、POST、HEAD、OPTIONS、PUT、DELETE、TRACE、CONNECTなどである。これらのセマンティクスは信頼性が高く、広く知られている。

イーサリアムとビットコインでは、仕組みが異なる。ネットワークはグローバルなマシンでもあるため、ネットワーク全体で呼び出しを行うために使用する「メソッド」は個々のコンピューター内で使用されるようなマシン言語コードだ。

※13　すべてのオペコードは公式資料「Ethereum Virtual Machine Opcodes（翻訳時点の最新版 2018-09-09）」で確認できる。https://ethervm.io/

表3-2:EVMオペコード(抜粋)

0s:停止および算術演算		
0x00	STOP	実行を停止する
0x01	ADD	加算
0x02	MUL	乗算
0x03	SUB	減算
0x04	DIV	整数除算
0x05	SDIV	符号付き整数
0x06	MOD	剰余
0x07	SMOD	符号付き剰余
0x08	ADDMOD	剰余
0x09	MULMOD	剰余
0x0a	EXP	指数演算
0x0b	SIGNEXTEND	2の長さを伸ばす(符号付き整数を補完する)
10s:比較演算とビット論理演算		
0x10	LT	小なり比較
0x11	GT	大なり比較
0x12	SLT	符号付き小なり比較
0x13	SGT	符号付き大なり比較
0x14	EQ	等価比較
0x15	ISZERO	簡単なNOT演算子
0x16	AND	ビットAND演算
0x17	OR	ビットOR演算
0x18	XOR	ビットXOR演算
0x19	NOT	ビットNOT演算
0x1a	BYTE	ワードから単一バイトを取得する
20s: SHA3		
0x20	SHA3	Keccak-256ハッシュを計算する
30s:環境情報		
0x30	ADDRESS	現在実行中のアカウントのアドレスを取得する
0x31	BALANCE	指定されたアカウントの残高を取得する
0x32	ORIGIN	実行元アドレスを取得する
0x33	CALLER	呼び出し元アドレスを取得するこれは、この実行に直接責任を負うアカウントのアドレスである

（表3-2　続き）

0x34	CALLVALUE	この実行に責任を負う命令/トランザクションによる預入額を取得する
0x35	CALLDATALOAD	現在の環境の入力データを取得する
0x36	CALLDATASIZE	現在の環境の入力データのサイズを取得する
0x37	CALLDATACOPY	現在の環境の入力データをメモリーにコピーするメッセージ呼び出し命令またはトランザクションとともに渡される入力データに関連している
0x38	CODESIZE	現在の環境で実行されているコードのサイズを取得する
0x39	CODECOPY	現在の環境で実行されているコードをメモリーにコピーする
0x3a	GASPRICE	現在の環境でgasの価格を取得する
0x3b	EXTCODESIZE	アカウントのコードのサイズを取得する
0x3c	EXTCODECOPY	アカウントのコードをメモリーにコピーする
40s:ブロック情報		
0x40	BLOCKHASH	256個の最新ブロックのいずれかのハッシュを取得する
0x41	COINBASE	ブロックの受け取り先アドレスを取得する
0x42	TIMESTAMP	ブロックのタイムスタンプを取得する
0x43	NUMBER	ブロックの番号を取得する
0x44	DIFFICULTY	ブロックの採掘難易度を取得する
0x45	GASLIMIT	ブロックのgasリミットを取得する
50s:スタック、メモリー、ストレージ、フロー演算		
0x50	POP	スタックからアイテムを削除する
0x51	MLOAD	メモリーからワードをロードする
0x52	MSTORE	メモリーにワードを保存する
0x53	MSTORE8	メモリーにバイトを保存する
0x54	SLOAD	ストレージからワードをロードする
0x55	SSTORE	ストレージにワードを保存する
0x56	JUMP	プログラムカウンターを変更する
0x57	JUMPI	プログラムカウンターを条件付きで変更する
0x58	PC	増分する前にプログラムカウンターの値を取得する
0x59	MSIZE	アクティブメモリーのサイズをバイト単位で取得する
0x5a	GAS	使用可能なgasの量を対応する控除額も含めて取得する
0x5b	JUMPDEST	有効なジャンプ先をマークする
60sおよび70s:プッシュ演算		
0x60	PUSH1	1バイトのアイテムをスタックに置く
0x61	PUSH2	2バイトのアイテムをスタックに置く

（表3-2　続き）

0x7f	PUSH32	32バイト（フルワード）のアイテムをスタックに置く
80s：複製演算		
0x80	DUP1	先頭のスタックアイテムを複製する
0x81	DUP2	2番目のスタックアイテムを複製する
0x8f	DUP16	16番目のスタックアイテムを複製する
90s：交換演算		
0x90	SWAP1	先頭と2番目のスタックアイテムを交換する
0x91	SWAP2	先頭と3番目のスタックアイテムを交換する
0x9f	SWAP16	先頭と17番目のスタックアイテムを交換する
a0s：ロギング演算		
0xa0	LOG0	トピックなしでログレコードを追加する
0xa1	LOG1	1個のトピックとともにログレコードを追加する
0xa4	LOG4	4個のトピックとともにログレコードを追加する
f0s：システム演算		
0xf0	CREATE	関連付けられたコードで新しいアカウントを作成する
0xf1	CALL	アカウントへのメッセージ呼び出し
0xf2	CALLCODE	代替アカウントのコードによる、このアカウントへのメッセージ呼び出し
0xf3	RETURN	実行を停止して出力データを返す
0xf4	DELEGATECALL	代替アカウントのコードによる、このアカウントへのメッセージ呼び出しただし、送信者と価値の現在の値は変わらない実行停止、削除マーク
0xff	SUICIDE	実行を停止し、後で削除するために アカウントを登録する

3.15　まとめ

この章では、EVMをデータベースと考えて詳しく説明した。また、EVMの状態がどのように変更されるのかについても取り上げた。これでEVMの設計原理が明確になったはずだが、それでもまだ手つかずの部分がたくさん残っている。EVMがどのようにプログラムを実行するのか詳しく知りたいなら、次のURLにアクセスするとよいだろう。補足のドキュメントなどのリソースが掲載されている。

http://evm.eth.guide

さて、次に取り上げる質問は、EVMでプログラムを実行することにはどのような意味があるのかというものだ。その答えは、スマートコントラクトを記述してデプロイすることにある。スマートコントラクトがいくつも協調して機能したものが分散型アプリケーションとなるのだ。

この章で説明したように、各コントラクトにはそれぞれ独自のアドレスがあり、任意のコードを保持できる。トランザクションがこのアドレスをヒットするか、コントラクトが別のコントラクトによって呼び出されると、そのコードがEVM上のすべてのノードで動作し始め、それによってさらにメッセージが渡されたり、イーサトランザクションが発生したりする。

スマートコントラクトを構成する命令は、EVMバイトコードとして格納される。ただし、バイトコードにコンパイルする前に、その命令は人がSolidityプログラミング言語で記述する。そのSolidityが次の章の主要なテーマだ。

第4章

スマートコントラクトのための Solidityプログラミング

Solidityは、スマートコントラクトを記述するためのプログラミング言語だ。作成したスマートコントラクトはEVMで実行できる。この言語はネットワーキングやアセンブリ言語、ウェブ開発技法などを組み合わせてできている。

いま、あなたは海外のとある国のビーチにいるとしよう。ふと思いついて旅行でやってきた。空港の両替所はさっさと通り過ぎた。滞在中、クレジットカードかデビットカードが使用できるはず、現金は必要ないと考えたのだ。あわてていて、サングラスを持ってくるのを忘れた。ふと周りを見ると、サングラスを売り歩いている人がいる。たまたま自分の格好に合ったサングラスがある。空港の免税店で見たものよりも良さそうだ。「ああ申し訳ないが、クレジットカードの読み取り機はないんだ」とその人は言う。確かにAndroidフォンを持っているだけだ。でも、あなたは現地のお金を持っていない。彼は小さなカードを差し出した。そこには、電子メールアドレスと電話番号が書いてある。後でサングラスがほしくなったら買えるというわけだ。

——このシーンについてちょっと考えてみよう。暗号通貨のすごさがわかるはずだ。なぜ、この人にメッセージやメールを送ったり電話をかけたりできるのに、同じようにお金を送信することはできないのか。

4.1 はじめに

前章では、EVMがどのように状態遷移をするのかについて説明した。この章では、EVMが状態遷移の際にどのような種類の命令を処理できるのかを見ていく。

コンピューティング環境は一般に、システムのプログラムカウンター（次に処理する命令を管理するレジスター）に示された操作を繰り返し実行する無限ループだ（プログラムカウンターでキューをjumpすることから、JUMPオペコードという名前が付いている）。

プログラムカウンターは、対応するプログラムの最後に達するまで、1ずつ繰り返される。マシンは、エラーが発生（スロー）したり、停止したり、結果または値を返したりする指示をヒットした場合にのみ、実行ループを終了する。

これらの操作では、次の3つの領域にアクセスしてデータを保存できる。

スタック：値を追加または削除（プッシュまたはポップ）できるコンテナである。スタック値はメソッド内に定義する。

動的メモリー：ヒープとも呼ばれ、無限に拡張可能なバイト配列である。これは、プログラムが完了するとリセットされる。

キー／値ストア：アカウント残高用だが、コントラクトアドレスの場合にはSolidityコード用となる。

Solidityコントラクトは、受信メッセージの値や送信者、データ、さらにはブロックヘッダーのデータなど、受信メッセージに関する特定の属性にもアクセスできる。

4.2 グローバルバンキングが(ほぼ)現実のものに

世界の各銀行で運用されているコンピューターシステムは性能も高く、ほとんどが最新のものだ。ただ、そうは言ってもインターネットやWorld Wide Webが登場する前から存在しているマシンの子孫でもある。つまり、そのアーキテクチャーは外に閉じられたものとなっている。単一のグローバルバンキングネットワークがあるわけではなく、大量の国内システムとプライベートバンキングのソフトウェアスタックを相互接続したもので、それぞれに独自規格というものがある。

▶4.2.1 巨大なインフラストラクチャー

イーサリアムなどのシステムでは、ノードが世界中に及ぶ。ノードを運用するのは個人で、各人にはその活動に対してマイニング手数料という形でイーサ建てによる支払いが行われる。この仕組みは、第6章の主要なテーマだ。システムは高度な分散型となっている。

分散型であるゆえ、暗号通貨プロトコルにより、現在電気通信で享受している利便性を金融取引にも生かすことができる。では、ピア・ツー・ピアノードの分散システムはどのように「プログラム」を実行するのだろうか。

▶4.2.2 世界規模の通貨の誕生か

世界共通の暗号通貨という考えは、地球上の全人類が最終的に暗号通貨のウォレットを自身のスマートフォンにダウンロードすることを前提としているように思える。だが、こうした夢想はイーサリアムのロードマップには存在しない。そうではなく、イーサリアムのコア開発者たちは、第三者が補完通貨(またはカスタムトークン)を簡単に作成できるようにする道を選択した。それをブランド化して特殊な用途に使用するのだ（今日のクレジットカード報酬ポイントのようなものだ）。このような第三者（既存の企業かスタートアップか、地方自治体か大学か非政府組織かを問わない）なら、パブリックチェーンや大規模なパーミッションドチェーンを利用して、多様なトークンをプッシュできる。これはグローバルな銀行取引の仕組みが、さまざまな通貨を取り扱えることと同じである。

イーサを初めて経験する人の目的が暗号通貨を試すことである可能性はほとんどない。多くの人は、最終的にブランドロイヤルティーや大学のプログラム、事業者提供制度の一部としてデジタルトークンやデジタルポイントを保持することになるのではないだろうか。

スポーツスタジアム、テーマパーク、都市型サマーキャンプ、ショッピングモール、大規模なオフィスパーク…どこにでも、そのコミュニティー専用の両替所があり、補完通貨があれば便利だ。

4.3 補完通貨

国家となると、1種類のお金だけで済まなくなるのはなぜか。実は米国では、連邦準備制度（今の中央銀行）の設立に至るまでの数十年、多くの地域通貨が流通していた。これらの紙幣は一般に預けた金の証明書であったため、局所的なものにならざるを得なかった。つまり、引き換えてくれる機関が数千キロも遠く離れたところにあれば、金の証明書にはほとんど価値がない。広域にわたる体系的なプライベート貨幣制度が登場する前の期間（米国の歴史では「ヤマネコ銀行」の時代と呼ばれる期間）、多くの印刷業者は主な収入をお金の印刷で得ていたが、ライバルに先んじようと、さまざまな偽造防止機能を開発した。

ベンジャミン・フランクリンは、このような印刷業者の1人で、補完通貨の印刷で財を築いた。実際、フランクリンは偽造防止手段で有名であり、その技術は飛び抜けていた。スミソニアン博物館によると、フランクリンは公式発行のペンシルベニア地域通貨を印刷する際に、州名のスペルを間違えて印刷していたことがあった。偽造を企む者にそんな通貨は偽物に違いないと思わせるためである。※1 フランクリンの植民地紙幣の多くには、「to counterfeit is death」（偽造は万死に値する）という言葉が記載されている。※2

補完通貨とは、国内不換通貨とともに機能して国内通貨ではまかなえないニーズを満たす交換媒介物のことである。このような通貨には一般に、次の4つの目的がある。※3

- **小さなコミュニティー内で地域経済の発展を促進すること**
- **そのコミュニティーに社会資本を構築すること**
- **より持続可能なライフスタイルを育成すること**
- **主流の通貨ではまかなえないニーズを満たすこと**

Solidityプログラミングでは、トークンコントラクトを書けば、誰でも補完通貨を作成できる。こうしたトークンでは、状況に応じてどのようなパラメーターでも呼び出すことができるようになっている。これについては、第5章でトークンコントラクトをデプロイする際に説明する。

▶4.3.1 | Solidityが約束する未来

Solidityはハイレベルのコントラクト指向言語で、JavaScriptやC言

※1 Smithsonian Education（スミソニアン教育）、「Revolutionary Money（画期的な通貨）」、http://www.smithsonianeducation.org/ educators/lesson_plans/revolutionary_money/introduction.html、2016。

※2 ウィキペディア、「Counterfeit Money（偽のお金）」、https://en.wikipedia.org/wiki/Counterfeit_money、2016。

※3 Investopedia、「Complementary Currency（補完通貨）」、https://www.investopedia.com/terms/c/community_currencies.asp、2016。

語と似た部分がある。Solidityでは、コントラクトを開発してEVMバイトコードにコンパイルできる。現在、イーサリアムの旗艦となる言語である。EVMを記述するのに最も人気のある言語ライブラリーであるが、そうなったのはSolidityが最初ではなかったし、おそらく最後でもないだろう。

イーサリアムプロトコルには同じ抽象レベルの言語が4つあるが、コミュニティーはSolidityにゆっくりと収束してきた。Serpent(Pythonに似ている)、Lisp-Like Language(LLL)、Mutan(すでに廃止)を押しのけてきたのだ。

Solidityを習得すると、イーサリアムベースのシステムで価値のトークンを移動できる。また、イーサリアムもSolidity自体も無料のオープンソース技術であるため、優秀な人たちによって修正されて再リリースされたり、個人的にデプロイされたりしていく可能性が高い。実際、いくつかのグループがそうした活動を展開している。このようなサードパーティーとそのアプローチについては、後の第11章で学習する。

公式のSolidityドキュメントは、次のURLにある。

http://solidity.readthedocs.io/en/develop/index.html

ただし、他のサイトにも有用なSolidityドキュメントが掲載されている。参考のため、広く読まれているSolidityドキュメントへのリンクを下記に載せている。

http://solidity.eth.guide

▶4.3.2 ブラウザーコンパイラー

Solidityをテストするために最もよく使用される方法が、ブラウザーベースのコンパイラーを使用することだ。詳細は、次のURLににアクセスしてほしい。

http://remix.ethereum.org

全体をすばやく把握したいなら、下記も参考になる。

http://compiler.eth.guide

ここまで読み進めてくると、早くSolidityを学習したい、独力で学ぶにはどうすればよいのだろうと興味津々かもしれない。別のプログラミング言語をすでに知っていれば確かにSolidityでプログラミングを始めるのは簡単だが、もし仮に今プログラマーでなくても諦めないでほしい。

4.4 EVMのプログラミングを学ぶ

古い習慣を打破するよりも、新しい習慣を学ぶほうが楽なこともある。分散型アプリケーションプログラミングの記述には、今日のウェブプログラマーとネイティブアプリケーションプログラマーにとって馴染みのないものや奇異なものが多い。また、すでに個人的に、あるいは仕事で他の言語や分野に投資している人もいるかもしれない。だから、あなたが始めたばかりだからといって、他の人が必ずしも自分よりも有利な位置にいるとは限らない。そんなことは、イーサリアムの世界ではまだ早い。

NOTE

主要なプログラミング用語については、これからおいおい定義し、文脈から拾い上げていく。この章でコアとなる概念をいくつか取り上げるが、その詳細を初心者向けのJavaScriptの書籍で確認しておくとよい。

プログラミング初心者であれば、先入観にとらわれることなくイーサリアムを理解することができる。そのうえ、システムを丸ごと理解できるようになるはずだ(ただし、ある程度時間がかかるのは致し方ない)。基になるネットワークは、アプリケーションホスティングプロバイダーの下で幾層にも複雑に絡み合っている。その仕組みをハッカーやソフトウェアエンジニアなら誰でも知っているわけではない。

従来のウェブアプリケーションでは、多くのサーバーに個別にデータベースを搭載し、ネットワークを介してデータを通信し、共有する。このデータは、他のサーバーで動作するアプリケーションから操作することもできる。サーバーへの負荷が増えると、その負荷を分散させるためにさらに多くのサーバーが必要になることもある。

NOTE

サーバーは専用の役割を担ったコンピューターで、必要に応じてウェブ経由でサービスを提供できる。データベースと呼ばれるものにデータを保持するサーバーもあれば(スプレッドシートに顧客の名前や住所などの情報を保持するようなものだ)、他のコンピューターからネットワークを介してアクセスできるアプリケーションを実行するサーバーもある。

イーサリアムではネットワーク自体がデータベースであり、ネットワークで実行されるアプリケーションはネットワーク上の誰でも使用できる。そのため、この3つともかなり学習することになる。

イーサリアムのネットワーク上で何が起きているのかがわかると、ブロックチェーンエクスプローラーで新規トランザクションのレポートを見たとき、感動を覚えるだろう。イーサリアムを学ぶのは大変なことのように思えるかもしれないが、今日のウェブを同じように幅広く奥深く理解するほうがはるかに大変だ。

以下のサブセクションでは、なぜSolidityを試したほうがよいのか、ほかにもいくつか理由を示す。

▶4.4.1 デプロイが簡単

イーサリアムでは、通常のウェブアプリケーションのデプロイやスケーリングのような面倒さがあまりない。分散型アプリケーション（DAppsとも呼ばれる）のバックエンドでスマートコントラクトが必要になったら、数個のドキュメントにまとめてEVMに送信すればよい。これで、イーサリアムウォレットやコマンドラインノードをインストールしていれば、地球上の誰でもそのプログラムをすぐに使用できるようになる。今日、開発者なら通常のウェブブラウザーを介してアクセスできる「ハイブリッドな」イーサリアム分散型アプリケーションを構築したくなるものだが、イーサの支払いを追加するというのはただ仕事を増やすだけだ。しかし、あと2、3年もすれば、このネットワークは完了する。そのころには、イーサリアムプロトコルを使用してアプリケーションのすべてのコンポーネントをホスティングするほうがはるかに簡単になっているはずだ。

NOTE

ビジネス用語にTTV（Time to Value）というものがある。これは、顧客が何かを要求してからそれを受け取るまでの時間のことだ。この何かは、有形なものでも無形なものでもよい。TTVが低いというのは、ユーザーが必要とする製品やサービスを考え出してすぐに提供するのが容易であるということだ。

どんな距離でも実質価値を移動できるアプリケーションを開発するとしよう。しかも、改ざんや検閲が不可能で、常時稼働するアプリケーションだ。イーサリアムでは、このようなアプリケーションを時間と費用をかけずに（まだ容易とはいかないが）開発してデプロイできる。そのうえ、プログラムを走らせるのに必要なgasコストと自分の時間（およびコンピューター）を除けば、あらゆるものが無料だ。ソフトウェアエンジニア、サービスプロバイダー、システム管理者、プロダクトマネージャーがイーサリアムエコシステムで活動した場合、長期的にはどのような影響が出るかというと、システムの脆弱性が低下し、製品回転が速くなり、新規アプリケーションやサービスをサポートするインフラストラクチャーの開発にかかる時間が格段に短くなる。要するに、エンタープライズソフトウェアベンダーと社内チームのＴＴＶが大幅に削減される可能性があるのだ。

▶4.4.2 ｜ Solidity でビジネスロジックを記述する

今後イーサリアムはどうなっていくのか。イーサリアムのほかに例のない特性を考えると、その運命は必ずしも一般ユーザーからの人気やイーサリアムのクライアントの浸透具合では測れないだろう。むしろ、コミュニティーに対してトークンを発行したり、ブランド化したウォレットを作ったりするであろう開発者、ブランド、企業、行政機関やその他の組織で支持が得られるかどうかによって決まるだろう。

イーサリアムを採用するのは、間接費を大幅に抑えつつ、魅力的な新しい製品とサービスをすばやく安全に展開するためかもしれない。これは、大規模なマーケティングキャンペーンの代わりにもなる。今や、インターネットミームカルチャーの速度に対応するためには、キャンペーンを加速度的に展開しなければならない。クリプトネットワークでの支払いには、摩擦が少ないという性質がある。そのため、支払いシステムを組み込んだ顧客向けのシームレスな販売およびマーケティング体験を構築することがかつてないほど簡単になる。

補完通貨も、報酬プログラムや会員制クラブ、大規模な商業地域で使用するのに大変便利なツールだ。ブランド化されたコインという形で顧客がお金を保有するようになれば、そのブランドで定期的に買い物をする回数が増えていく。飛行機をよく利用する人が、マイレージとクレジットカードポイントを貯めるために同じ航空会社を選ぶのと同じことだ。支出に見合う価値が得られるからだ。

今日、ロイヤルティープログラムの先行きは不透明だ。若干詐欺的なところさえある。しかし、ブロックチェーンベースのロイヤルティーコインの透過性は、他の形態の暗号通貨と同じように優れている。つまり、交換所で取引される可能性もあれば、支払い手段として受け入れられる可能性もあるのだ。

▶4.4.3 コード、デプロイ、リラックス

イーサリアム対応アプリケーションの多くは、Mistウォレットを介して使用されることもあれば、背後でノードを実行している別のイーサリアムネイティブアプリケーションを介して使用されることもある。クライアントアプリケーションの開発者にとって、新しいイーサリアムベースのトークンとの互換性を追加するのは実に容易だ。というのも、イーサリアムウォレットとトークンとは大きく重複し、相互互換性が確保される見込みだからだ。今日、IMAP互換とPOP互換の電子メールクライアントが数多くあるのと同じことである。

また、今でも通常の古いウェブを介してアクセスできるイーサリアムプログラムを作成することは可能である。必要な作業はごくわずかだ。一方、デプロイは新しいサードパーティーフレームワークを使用してますます容易になる。その例については、第8章で紹介する。

そうは言っても、従来のウェブアプリケーションが消えてなくなるということではない。個人と組織の多くは、これまで膨大なリソースを従来のウェブアプリに投資している。だが、これから見ていくように、イーサリアムネットワークの登場で、アプリケーションを大規模に展開して運用するのが簡単かつ安価になる。そうなれば、アプリケーションの分散化を検討する動きが加速することになる。

4.5 設計の根拠

Solidityプログラミング言語にはJavaScriptのような構文があるが、これはEVM用のバイトコードにコンパイルするために特別に設計されたものだ。第３章で述べたように、EVMは完全に決定性のあるコードを実行する。つまり、同じアルゴリズムに同じ入力を与えれば、常に同じ結果が得られるのだ。これは数学的に立証できる。これについては、この章の後半で見ていく。

Solidityは、静的型言語で、継承やライブラリー、複雑なユーザー定義型などの機能をサポートしている。型を注意深く使用すれば、プログラムがどのように動作するかを理解するのに役立つ。Solidityの型のリストをこの章の最後に示す。

NOTE

データ型とは実際にどのようなものなのか。プログラマーは、どのデータ型を使用するのかをマシンに指示できる。たとえば、そのデータは数値なのか文字なのかということだ。型指定の緩い言語では、プログラマーが型を指定する必要はない。一方、型指定の厳密な言語では指定する必要がある。

面白いことに、Solidityではアセンブリーコードをインラインで記述できる。EVMのオペコード（第３章のリストを参照）のいずれかを使用して特定の操作を行う場合、それをSolidityコントラクトのインラインに記述できるのだ。Solidityステートメントの代わりに、assembly {...}コードを記述するだけだ。

▶4.5.1 Solidityでのループの記述

ループは、プログラミングでフローを制御する場合の基礎となるものだ。

つまり、if-this-then-thatという偶発条件やdo-this-while-doing-thatという同時条件を制御する。ほぼどのプログラミング言語でも、ループを開始する構文は同じようなものになっている。Solidityでは、ループに関して言えば、JavaScriptやCとまったく同じ構文規則に従う。

イテレーターループは、コンテナやリスト内を移動できるようにするオブジェクトである。イテレーターは、同じ操作を一定の回数またはコード内の要素の数だけ実行するようにコンピューターに指示する場合に使用することがある。

汎用ループの構文は、JavaScript、C、Solidityのいずれでも同じだ。次は、0から10までを数えるようにコンピューターに指示する。

```
for (i = 0; i < 10; i++) {...}
```

前章で挙げたオペコードのリストを注意深く見ると、EVMでは2つの方法でループが可能であることに気づく。Solidityにループを記述することもできれば、JUMP命令とJUMPI命令を使用してループを作成することもできる。これは、プログラムカウンターのステップを指定された数だけ前にジャンプする。特定のプログラムがEVMで実行されている間、プログラムカウンターがプログラム内の計算ステップの数と順序を追跡することを思い出してほしい。

これは、SolidityとEVMオペコードを一緒に使用してコントラクトを作成できる1つの例に過ぎない。こうして作成したコントラクトは、表現が明確で読みやすいだけでなく、安価に実行できる。なお、これはgasコストの計算方法が原因で起きることなのだが、オペコードを使用して記述した場合、機能によっては実行が簡単になったり、実行する費用が安くなったりするものがある。独自の言語ライブラリーを記述する場合に特に便利だ。

これまで丹念にコードを見たことがなく、このループという概念がつかみづらくても、今のところ心配はいらない。以下のセクションで文脈に沿って詳しく説明する。

▶4.5.2 | 明確な表現とセキュリティ

“expressive”という（日本語に直訳すると「表現が明確な」という意味の）形容詞をコンピューターサイエンスで使用した場合、それはコードが人間のプログラマーにとって記述しやすく理解しやすいものであるという意味になる。expressiveな言語は、人の思考パターンとマシンの実行パターンとの橋渡し役となる。言語の表現が明確であるためには、さまざまな構築要素が直感的に読みやすく、定型コード（キーワードや特別な変数やオペコードなど）で使用されているワードが人間の読みやすいものである必要がある。そうであれば、コードが何を表現したものなのかが覚えやすくなる。

expressiveな言語を実行するには、その言語をマシンが認識しやすいものにコンパイルする必要がある。このためには、コンピューター側での作業が必要になる。結局のところ、expressiveな言語は推論するのが難しくなる（動作の予測が難しくなる）傾向があり、制限が厳しく抽象度が低い言語は推論するのが簡単になる。

問題は、Solidityのように抽象度が高くexpressiveな言語を形式的に検証できるスマートコントラクトである。これは自動でやっていく必要があるが、実際、自動で形式的検証をする技術はすでに出てきている。コンピューター科学者は間違いなく強い関心を持っており、イーサリアム開発者はそうとは知らずに恩恵を受けることになる。

4.6 形式的証明の重要性

Solidityプログラミングを学習していると、他の開発者の好奇心に出会うことがある。単刀直入にこう言うのだ。誰かが無限ループを記述してマシンをロックしてしまうのを防ぐにはどうすればよいのか。

確かな根拠があるわけではないが、これは今日、この世界でソフトウェアエンジニアリングが果たす役割にとって最も重要な意味を持つ問題だ。無料で誰でもアクセスできながら、一方で妨害行為を阻止できる仮想コンピューターを構築できるという問題だ。イエスと答えれば、コモンズの悲劇という理論で反すうされるだけだ。

▶4.6.1 共有グローバルリソースの影響を振り返る

経済学でいうコモンズの悲劇とは、共有リソースは長続きしないという考えだ。最終的に、利己主義で行動するユーザーが共有リソースを使い果たす。いくら使っても費用がかからないからだ。このようなシナリオでは、リソースをため込む人も出てくれば、浪費する人も出てくる。そのコストは他人に押しつけたままだ。これをモラルハザードと呼ぶ。

次に一例を示す。2016年後半、ニューヨーク市はロウアー・マンハッタンの通りにコンピューター端末を設置した。歩行者に無料でWi-Fiを提供する端末だ。端末には小さなタッチスクリーンがあって、インターネットにアクセスできた。この共有リソースが稼働するとまもなく、椅子を引っ張り出してきてYouTubeやアダルトサイトを観ながら何時間も過ごす人が出てきた。※4 プログラム管理者は、すぐに画面のインターネットアクセスを制限する措置を取った。今や端末は、ほぼWi-Fiスポットを提供する

※4 ニューヨーク・タイムズ、「Internet Browsers to Be Disabled on New York's Free Wi-Fi Kiosks（ニューヨークの無料Wi-Fiキオスクでインターネットブラウザーが無効に）」、2016。

だけとなった。

したがって、EVMなどのきわめて費用の安い公共のコンピューターという概念は、まさに見事というほかない。誰でもどこからでもどのコンピューターでもアクセスでき、遠く将来にわたってプログラムを実行する。誰も所有せず、誰も改ざんできない。しかも、お金を貯めることもできる。

▶4.6.2 ｜ 攻撃者はどのようにコミュニティーをダウンさせるのか

分散型経済というものは、世界中のあらゆる既得権益に対して新たな脅威を生み出しつつある。特に問題となるのは経済の発展に対する脅威だ。影響力のある人なら、コモンズの悲劇を解決しないで世界がこのまま続いてほしいと願うはずだ（このため、独裁者や暴徒にいいようにされるままだ）。イーサリアムネットワークのセキュリティは、第７章の主要なテーマだ。しかし、イーサリアムの防御はどこにでもある。プログラミング言語自体にもある。そのため、ここでも触れておく。

ここでは、ネットワークをコンピューターで互いにつながった人々のコミュニティーであると考える。攻撃者は、このようなコミュニティーを嫌い、どんな代償を払ってでも人々に悲しみを与えようとする誰かだ。

▶4.6.3 ｜ Solidityで記述された仮想攻撃

攻撃者がメモリーを大量に消費するスマートコントラクトをSolidityで記述し、これでEVMをロックしようとしているとする。攻撃者は、どんなにgasコストがかかっても喜んで支払う（これは、第７章で見ていく実際のシナリオだ）。この例のために、コントラクトはEVM用に作成されたどの言語で記述してもかまわない。Solidityだけでなく、Serpentや低水準のEVMコードなどでもよい。

ライスの定理によると、コンピュータープログラムの中には、動作特性を数学的に決定できないものがある。つまり、Solidityコードがいずれ終了するかどうかを断定的に予測できるコンピュータープログラムを別途記述することはできない。※5 このため、このシナリオではどんな種類の「ゲートキーパー」プログラムを記述したところで、攻撃者が作成した仮定的にメモリーを消費するスマートコントラクトにきっちり対処できる効果的なプログラムにはならない。

NOTE

スマートコントラクトは分散型アプリケーション（DApps）とは異なる。どちらも分散され、アプリケーションのようであっても別のものだ。DAppsは、バックエンドでイーサリアムスマートコントラクトを使用するGUIアプリケーションである。従来のデータベースやウェブアプリケーションホスティングプロバイダーの代わりとなるものだ。DAppsには、Mistブラウザーやウェブを介してアクセスできる。

EVMは、この現実にさまざまな方法で対処する。たとえば、1ブロックあたりの計算ステップ数に対するハードリミット、決定性の言語、gasコストなどがある。それでも、金銭的インセンティブがあれば、攻撃者はグレーな領域がないか常に探し回る。時価総額10億ドルともなれば、EVMをクラックしてイーサを盗み出すには十分大きなインセンティブだ。

グレーな領域に一気に対処できなくても、長期間にわたる一連のプロトコルフォークで対処できる。

誤って大きな被害をもたらすプログラムがある以上、簡単で立証しやすいコントラクトの助けとなるパターンとプラクティスを開発するのはイーサリアムコミュニティーの責任である。こうしたパターンやプラクティスが定型文の標準へと発展していく。第5章では、このようなベストプラクティスをいくつか取り上げる。

※5　ウィキペディア、「Rice's Theorem（ライスの定理）」、https://en.wikipedia.org/wiki/Rice%27s_theorem、2016。

4.7 自動証明登場

不正なプログラムを追い払うゲートキーパーを作成することはできないが、正しさをマシンでチェックして証明できるプログラムが次々と登場している。他のプログラムを数学的に証明する自動プログラムだ。

スマートコントラクトはお金を移動するため、数学的な自動証明には格好の実験台となる。コンピューターサイエンスや数学でこの分野を研究する目的は、ソースコードが特定の形式仕様を満たすことを体系的な方法で確認することだ。利害関係のない監査人がやってきて、プログラムが想定どおりに動作していることを数学的に検証するわけだ。

この証明プロセスを自動化できれば、ビジネスには有利だが、平均的なプログラマーがSolidityを学ぶうえではあまり役に立たない。証明は、プログラムで何を意図し、実際には何をしたのかを示すだけだ。プログラムが想定どおりに動作しないことがわかったとして、どう記述すればよいのか。自動システムには、それを通知する方法がない。

それでも、このトピックには詳しく知るだけの価値がある。イーサリアムネットワークが実際にいつの日か大量の自動通貨移動ボットを運ぶことになる、そういう兆しがあるのだ。数兆ドルもの通貨を安全にプッシュできるようになる。このようなボットを開発するのは、今日のプロセスほどには時間のかかる危険で不透明なことではないのかもしれない。

▶4.7.1 実際の問題としての決定論

これまでのセクションでいくつか概念を取り上げたが、それらをつなぎ合わせると、ある意味でチューリング完全性という考えそのものは、現実の世界で公共的な仕組みをデザインするうえでは理想的すぎて、限界のある概念だということがわかるかもしれない。

このため、EVMは実際にはチューリング完全でないとも言える。Solidityコントラクトの実行には境界があるという性質からすれば、まもなく理論的にはEVMが実行するどんなプログラムの動作でも予測できるようになるからだ。

ビットコインは、これらの問題のいずれからも逃れられない。expressiveな言語とマシン語との間に存在するグレーな領域は、ビットコインのスクリプト言語にも存在する。この言語も、実行時にマシンコードにコンパイルされるからだ。

▶4.7.2 変換で失うもの

実に面白いことに、証明の問題はexpressiveness（表現の明確性）という概念と大いに関係している。これについては、この章の前半で説明した。人が数学的に証明できる言語は、抽象度の高い言語に限られる。つまり、Solidityのような判読可能なプログラミング言語だ。アセンブリーコードやマシンコードに対してこのような証明を実行するのは、どんなに数学的才能に恵まれていたとしてもほぼ不可能だ。

コンパイルプロセスを実行すると（判読可能なコードを低水準のマシンコードに送信すると）、プログラムがどのようなものか推論するうえで役立つ多くの（人が解釈できる）情報が犠牲になる。また、自動定理証明器に役立つ情報も犠牲になる。

このため、このプロセスには常に曖昧さがつきまとう。今日、スマートコントラクトをSolidityで記述し、それが数学的に証明されたとしても、コンパイルした後でなければ、確実に証明されたものであるとは断言できない。

4.8 テスト、テスト、またテスト

コードが曖昧であれば、お金を失う恐れがある。そうならないためには、一にも二にもテストするしかない。イーサリアムネットワークにはRopstenと呼ばれるテストネットがある。このネットワークでもイーサが使われるが、これには価値がなく、サンドボックスのような環境でフォーセットからすぐにもらうことができる。

実際、Ropstenはメインチェーンとまったく変わらない。単に、テスト用に設計された別のチェーンである。タイタニックとその姉妹船ブリタニックのように、誰かがスピンアップする他のどのチェーンとも名前が違うだけで後はまったく同じである。これらのチェーンについて何か特別なものや決して触れてはいけないようなものはない。第8章では、このようなチェーンを作成することになる。

▶4.8.1 コマンドラインはオプション

イーサリアムの重要な機能のほとんどは、Mistウォレットで行うことができる。イーサの送受信やトークンの追跡やコントラクトのデプロイだ。分散型アプリケーションの記述方法を学ぶ開発者であれば、Geth(または他のコマンドラインクライアント)を使用することをお勧めする。Gethについては、第6章で詳しく説明する。

このセクションでは、実際のスマートコントラクトを簡単に見ていく。簡単な例を1つ挙げて、スマートコントラクトの使用方法を説明する。

NOTE

コードを読み書きできなくても、心配はいらない。この例に従って構文と構造を説明するので、コードが何をしているのか見当が付くはずだ。

次の章では標準のイーサリアムトークンをデプロイするが、コードを記述する必要はまったくない。

次の第5章では、このようなコントラクトをデプロイする方法を学習する。幸い、Solidityで簡単なコントラクトをデプロイするための要件は次の3つだけだ。

1.テキストエディター。macOSのTextEdit、UbuntuのGedit、Windowsのメモ帳などだ。プレーンテキストモードに切り替わり、すべてのフォント、下線、太字、ハイパーリンク、斜体が解除される（リッチテキストを使用してコードを記述しないこと）。
2.Mistウォレット（第2章を参照）。
3.Browser Solidityコンパイラー（下記のURLにある）。
https://remix.ethereum.org
以下のショートリンクから入手することもできる。
http://compiler.eth.guide

第5章で見ていくように、コントラクトを「アップロード」するために必要なのは、テキスト編集アプリケーションからBrowser SolidityコンパイラーにSolidityコードをコピーして貼り付けることだけだ。

そこで、コードをバイトコードにコンパイルし、そのバイトコードをMistにコピーして貼り付ける。これは実際にはかなり簡単な作業だが、ここでは深入りしないでおこう。代わりに、以下のサンプルのスマートコントラクトの動作を見ていく。お金を送受信する自動コントラクトの秘めた可能性がわかるようになる。以下の例は元々、サイラス・アドキソン氏が記述したものだ（GitHub上ユーザー名はfivedogit）。アドキソン氏は、ケンタッキー生まれのソフトウェアエンジニアで、今はニューヨークに住むイーサリアムの熱狂的信奉者である。コードは、本書の内容に合わせて変えてある。

このコントラクトにPiggyBankという名前を付ける。Solidityの命名規則に従ってキャップスケースを使用する(キャメルケースは使用しない)。こうした命名規則とその他のSolidityスタイルガイドを参照するには、ここにアクセスしてほしい。

https://solidity.readthedocs.io/en/develop/style-guide.html

NOTE

ここに挙げたソースコードは原著執筆時点のもので、翻訳時点のSolidityの最新バージョンではエラーになる。ブラウザーコンパイラーでは、「Select new compiler version」から「0.4.7+commit.822622cf」を選択してから貼り付ける必要がある。また、コマンドラインのコンパイラーは、「npm install -g solc@0.4.7」のようにバージョンを指定してインストールする必要がある(編集部より)。

ここでは、PiggyBank.solを見ていく。

```
contract PiggyBank {
        address creator;
        uint deposits;

// この関数をパブリックとして宣言して、他のユーザーとスマートコントラクトもアクセスできるようにする。
        function PiggyBank() public
        {
                creator = msg.sender; deposits = 0;
        }

// イーサが預けられているかどうかをチェックする。預けられていれば、預け入れ数を増やし、合計数を返す。
        function deposit() payable returns (uint)
        {
                if(msg.value > 0)
```

```
                deposits = deposits + 1;
            return getNumberOfDeposits();
    }
    function getNumberOfDeposits() constant returns (uint)
    {
            return deposits;
    }

// このコントラクトをインスタンス化した外部アカウントがコントラクトを再度コールしたら、コントラクトを終了し、そのアカウントのbalanceを返す。
    function kill()
    {
            if (msg.sender == creator)
            selfdestruct(creator);
    }
}
```


このほかにも、プログラマーのスキルに合わせていくつかSolidityスクリプトの例が用意されている。

http://solidity.eth.guide

▶4.8.2 | Solidityファイルの形式

前のコントラクトの例には、1つ大きなポイントが欠けている。Solidityファイルには、常にversion pragmaを指定したほうがよい(ただし、必須ではない)。これは、どのSolidityバージョンでこのコントラクトを記述したかを示すステートメントだ。こうしておくと、時間が経っても、コンパイラーの将来のバージョンアップによって古いコントラクトが拒否されるのを防ぐことができる。

このファイルのversion pragmは0.4.7なので、ファイルヘッダーに以下を追加しておくとよい。

```
pragma solidity ^0.4.7;
```

Solidityファイルの構造の詳細については、次のURLを参照してほしい。

https://solidity.readthedocs.io/en/develop/layout-of-source-files.html

4.9 コードを読むためのヒント

次に、このコントラクトを初心者にも読みやすいものにするためのヒントを7つ示す。

コンピューターは、英語圏の人と同じく、コードを上から下、左から右へと読む。ある行を別の行の前に置くと、一般に、コンピューターは最初にその行の命令を読むことになる。

通常、プログラムは入力を受け取って何らかの出力を返す。計算可能な関数（コンピューターが実行できる数学関数）は、アルゴリズムとして記述できる関数であると定義される。

アルゴリズムは、データを取り込み、そのデータに対して操作を実行し、何らかの出力を返す。プログラムは、あるアルゴリズムに別のアルゴリズムをネストしたものだ。

アルゴリズムは、マシンのようなものだ。何度も再利用できる。このため、アルゴリズム命令を記述すること（つまり、プログラミング）は、言葉遊びゲームのMad Libsに書き込むのとほとんど変わらない印象を受ける。コンピューターは後でトランザクションやメッセージコールを介して、ユーザー

（イーサリアムではコントラクト）がコンピューターに与えた情報を自動補完する。この情報は、単なる数字（たとえば、5イーサ）であることもある。

演算子は英単語間に置かれる記号で、等号やプラス記号やマイナス記号などがある。ほぼ記号から想定されるとおりの働きをするが、わずかに例外もある。後に出てくる表4-1に、Solidity演算子を示す。

型は、コンピュータープログラミングの名詞である。つまり、Mad Libの空のスペースに何を入れて良いのかを指定するのが型となる。Solidityでよく使用される型はアドレスだ。

コンピューターを使用するのはもともと、すばやく計算を行うためであった。この数十年間、誰がコンピューターを使用してきたのかと言えば、ほとんどが物理学者だ。数学の難題をすばやく処理するためである。たとえば、次のような質問への答えを導き出そうとした。アポロ11号をいつ打ち上げれば、最短距離で月に到着するか。

EVMは、このもともとのコンピューターにずっと近いが、高度な経理会計照合について考えるのに適している。ビジネススクールで学んだことがある読者なら、Excelでプログラミングした経験があるはずだ。データベースは単なるスプレッドシートで、コンピュータープログラムはそのようなデータベースを操作するものであることを思い出してほしい。このため、何かを宣言すると、その何かをスプレッドシートに入力するようにコンピューターに指示したことになる。具体的には、その何かはスタックに置かれることになる。

コンピューターは、一時的な計算やいわゆる動的な計算で値を保存するためにはどのくらいのメモリーを用意すればよいかを自ら算出する。これは、if-thenなどの条件分岐の計算に使用される、小さいながらもきわめて重要な論理ステートメントだ（ここには危険が潜む。プログラムがメモリーを大量に消費する恐れがある。確保した容量よりも多くの動的メモリーを使用するようにコンピューターに指示してしまうのだ。このことを把握するためには、スタックとヒープを定義することが重要である）。

4.10 Solidityのステートメントと式

これから見ていくように、Solidityの至るところに関数がある。ただし、使用方法はさまざまだ。

数字などの値を生成する関数もあれば、真／偽の質問に答える関数もある。この値が実際に何であるかは、前述したSolidityの型によって決まる。真／偽の値は論理型と呼ばれる。

▶4.10.1 式とは

値を生成する関数を式関数と呼ぶ。式は何らかの型の値に評価されるため、プログラミングでは式を値の代わりに使用できる。

宣言的な関数もある。コンピューターのメモリーに専用の領域が作成され、その関数の実行のたびに使用される。このような宣言関数は重要である。ステートメントを記述するのに欠かせないからだ。

▶4.10.2 ステートメントとは

ごく一般的な用語で言えば、ステートメントはコンピューターに何らかのアクションを実行するように指示する。コンピューターは、式を使用して、このアクションをいつどのように実行すればよいかを理解する。このため、コンピュータープログラムはステートメントで構成され、ステートメントは式（または他のステートメント）で構成されることが多い。

▶4.10.3 関数のパブリックとプライベート

JavaScriptとSolidityでは、セミコロンを使用してステートメントを連結し、別のステートメントがコードに出現することをコンピューターに指示できる。

```
function first(); function second()
```

また、Solidityでは特定の関数がそのプログラムの外部で使用できるかどうかを宣言することもできる。その指示とは以下のとおりである。

- **public：外部からも内部からも参照できる（ストレージ／状態変数のアクセサー関数が作成される）**
- **private：現在のコントラクトでのみ参照できる**

これは単にコードリテラシーの紹介にすぎないが、それでも後で詳しく説明するいくつかのスマートコントラクトが何をしているのかを解読するには十分なはずだ。

4.11 値型

Solidityコードを記述するときに、各アルゴリズム命令でどの値型を使用するのかをコンピューターに伝えることができる。このセクションでは、EVMが解釈できる値型について説明する。

▶4.11.1 論理型

コードではboolと記述する。論理型は、trueまたはfalseに評価される真／偽の式である。

▶4.11.2 符号付き整数と符号なし整数

コードではintおよびuintと記述する。いずれも数値である。符号付きであることを示す記号（マイナス記号）を付ければ、負数にすることができる。

したがって、符号なし整数は正数である。

▶4.11.3 | アドレス

アドレス型は、20バイトの値を保持する。これは、イーサリアムアドレス（16進数で40文字、つまり160ビット）のサイズだ。アドレス型には、メンバー型もある。

▶4.11.4 | アドレスのメンバー

この2つのメンバーを使用すると、アカウントのbalanceを照会したり、アカウントにイーサをtransferしたりできる。スマートコントラクトでのtransferには注意が必要だ。コントラクトでtransferを開始するよりも、パターンを使用して受信者がどこでお金を引き出すことができるのかを指定したほうがよい。

- **balance**
- **transfer**

▶4.11.5 | アドレス関連のキーワード

Solidity言語には、キーワードが付属している。キーワードは、いわば、あらかじめ決められた方法で言語を使用するためのメソッドだ。コードでキーワードを使用すると、スマートコントラクトで必要な共通タスクを遂行できる。キーワードには以下のものがある。

- **<address>.balance (uint256)：アドレスのbalanceをウェイで返す**
- **<address>.send(uint256 amount) returns (bool)：指**

定された量のウェイをアドレスに送信し、失敗したらfalseを返す
- **this(current contract's type)**：明示的にアドレスに変換する
- **selfdestruct(address recipient)**：現在のコントラクトを破棄して、その資金を指定されたアドレスに送信する

NOTE

this.balanceキーワードを使用して、現在のコントラクトのbalanceを照会できる。

▶4.11.6 あまり使用されない値型

このほかにも値型がいくつかあるが、これらを使いこなすにはプログラマーとしてのスキルが十分にあるか、ある程度あるとよい。

- **動的なサイズのバイト配列**
- **固定小数点の数字**
- **有理数リテラルと整数リテラル**
- **文字列リテラル**
- **16進数リテラル**
- **列挙**

▶4.11.7 複合（参照）型

一般に、Solidityの型はEVMのストレージにある256ビットのメモリーに割り当てられる。つまり、2048文字だ。それよりも型を長くすると、より有意なgasコストを移動できるようになる。EVMのスタックに永続的なストレージを割り当てるときには注意が必要だ。次に、256ビットを超える複合型を示す。

●配列
●配列リテラル、インライン配列
●構造体
●マッピング

arraysやstructなどの複合型にはデータ位置があり、Solidityプログラマーはその位置を使用して複合型をメモリーに動的に保存するのか、永続的に保存するのかを操作できる。これは、手数料を管理する場合に役立つ。

4.12 グローバル特別変数、単位、関数

グローバル特別変数は、EVM上のどのSolidityスマートコントラクトからでも呼び出すことができる。言語にあらかじめ組み込まれているからだ。そのほとんどは、イーサリアムチェーンに関する情報を返す。

時間単位とイーサも、グローバルに使用できる。リテラル数値は、接頭辞としてウェイ、フィニー、サボ、またはイーサを取ることができ、イーサの下位単位間で自動交換される。接尾辞のないイーサ通貨番号はウェイとみなされる。

リテラル数値の後に時間関連の接尾辞を使用して、時間単位間の変換ができる。その際、秒が基本単位で、単位は一般的な単位として扱われる。閏年が存在するので、このような接尾辞を使用して時間を計算する際は十分に注意してほしい。どの年も365日で、どの1日も24時間とは限らない。

```
1 == 1 seconds
1 minutes == 60 seconds
```

1 hours == 60 minutes

1 days == 24 hours

1 weeks = 7 days

1 years = 365 days

▶4.12.1 ブロックとトランザクションのプロパティ

このようなグローバル変数は、Solidityスマートコントラクトでのみ使用できることに注意してほしい。これらをJavaScript Dapp APIコールと混同しないこと。このコールは、Gethで行うことができるもので、第6章で学習する。

- block.blockhash(uint blockNumber) returns (bytes32):指定したブロックのハッシュ。最新の256ブロックに対してのみ機能する
- block.coinbase (address):現在のブロックマイナーのアドレス
- block.difficulty (uint):現在のブロック採掘難易度
- block.gaslimit (uint):現在のブロックgasリミット
- block.number (uint):現在のブロック番号
- block.timestamp (uint):現在のブロックタイムスタンプ
- msg.data (bytes):完全なコールデータ
- msg.gas (uint):gas残量
- msg.sender (address):メッセージ(現在のコール)の送信者
- msg.sig (bytes4):コールデータの先頭4バイト(関数識別子)
- msg.value (uint):メッセージとともに送信されたウェイの数
- now (uint):現在のブロックタイムスタンプ(block.timestampの別名)
- tx.gasprice (uint):トランザクションのgas価格

●tx.origin (address):トランザクションの送信者(完全コールチェーン)

msgのすべてのメンバー(つまり、msg.senderとmsg.value)の値は、外部関数のコールのたびに変更できることに注意してほしい。これは、ライブラリー関数であっても変わらない。msg.senderの使用にアクセス制限を設けてライブラリー関数を実装する場合は、引数としてmsg.senderの値を手動で指定する必要がある。

▶4.12.2 | 演算子一覧

表4-1に、Solidity式で使用できる演算子を示す。

表4-1:Solidity式で使用できる演算子

優先順位	説明	演算子
1	後置 加算子/減算子	++、--
	関数のようなコール	<func>(<args...>)
	配列添字付け	<array>[<index>]
	メンバーアクセス	<object>.<member>
	丸かっこ	(<statement>)
2	前置 加算子/減算子	++、--
	単項プラスと単項マイナス	+、-
	単項演算	delete
	論理否定	!
	単位否定	~
3	累乗	**
4	乗算、除算、余り	*、/、%
5	加算と減算	+、-
6	ビット単位シフト	<<、>>
7	ビット単位積	&
8	ビット単位排他	^
9	ビット単位和	|
10	非等値演算子	<、>、<=、>=
11	等値演算子、不等価演算子	==、!=

（表4-1　続き）

優先順位	説明	演算子
12	論理積	&&
13	論理和	||
14	三項演算子	<conditional> ? <if-true> :
		<if-false>
15	代入演算子	=、|=、^=、&=、<<=、>>=、+=、-=、*=、/=、%=
16	コンマ演算子	,

▶4.12.3 ｜ グローバル関数

一般にSolidityでは、特殊な関数は主にブロックチェーンに関する情報を提供するために使用するが、中には数学関数と暗号関数を実行できるものもある。その関数を次に示す。

- **keccak256(...) returns (bytes32)：（空白なしで連結した）引数のイーサリアムSHA-3（Keccak-256）ハッシュを計算する。**
- **sha3(...) returns (bytes32)：keccak256()の別名**
- **sha256(...) returns (bytes32)：（空白なしで連結した）引数のSHA-256ハッシュを計算する。「空白なしで連結した」というのは、引数をパディングなしで連結するということだ。引数にパディングを追加する方法については、次のURLにアクセスしてほしい。**
  http://solidity.readthedocs.io/en/develop/units-and-global-variables.html#mathematical-and-cryptographic-functions
- **ripemd160(...) returns (bytes20)：（空白なしで連結した）引数のRIPEMD-160ハッシュを計算する。**
- **ecrecover(bytes32 hash, uint8 v, bytes32 r, bytes32 s) returns (address)：楕円曲線署名からパブリックキーに関連付けられたアドレスを回復する。エラーがあれば0を返す。**

- **addmod(uint x, uint y, uint k) returns (uint)：(x + y)%kを計算する。加算は任意の精度で実行され、2**256の値においては最低値に戻らない。**
- **mulmod(uint x, uint y, uint k) returns (uint)：(x*y)%kを計算する。乗算は任意の精度で実行され、2**256の値においては最低値に戻らない**
- **this (current contract's type)：アドレスに明示的に変換できる現在のコントラクト。**

Solidityコントラクトを記述するのに役立つコントラクト関連の変数についても触れておく。

- **super：継承階層で1つ上位のコントラクト。継承の詳細については、次のセクションに示したリンクを参照してほしい。**
- **selfdestruct(address recipient)：現在のコントラクトを破棄して、その資金を指定されたアドレスに送信する。**
- **assert(bool condition)：条件が満たされない場合にスローする。**
- **revert()：実行を中止し、状態変更を戻す。**

▶4.12.4 例外と継承

状況によっては、自動的に例外が発生する。そうした例外を参照するには、次のURLににアクセスしてほしい。

http://exceptions.eth.guide

また、Solidity言語は複数の継承をサポートしている。コントラクトが他の複数のコントラクトを継承した場合でも、1つのコントラクトのみがブロックチェーンに作成される。ベースコントラクトのコードは、常に最終コントラクトにコピーされる。一般的な継承システムの詳細については、下記にアクセスしてほしい。

http://solidity.readthedocs.io/en/develop/contracts.html#inheritance

4.13 まとめ

この章では、EVM用に記述されたプログラムの影響を理解するべく最初の一歩を踏み出した。また、このようなプログラムがネットワークのセキュリティを犠牲にすることなく有意義なチューリング完全性をどのように実現できるのかを批判的に見てきた。

このようなプログラムをエンタープライズ情報技術にとって魅惑的なものにしているのは形式数学だが、これについては簡単に触れるにとどめた。それでも、イーサリアムホワイトペーパーとイエローペーパーを詳しく調べて、EVMがどのように証明可能なコンセンサスに達するのか自分で確かめようという気になったのではないだろうか。

第5章では、EVM上に最初のトークンコントラクトをデプロイする。また、貨幣調整手段の社会文化的歴史と、それがイーサリアムの秘めた可能性を理解するうえでどのような意味があるのかについても学習する。

第5章 スマートコントラクトとトークンの発行

Solidityで記述した小さくて再利用可能な
コードテンプレート(クラス)がスマートコントラクトだ。
金融デリバティブのウェブサービスにも適しており、
新たな工夫もいくつかある。
イーサのサブ通貨であるトークンも、スマートコントラクトの1つだ。

前章では、Solidityを使用してEVMへの命令を作成する方法を学習した。だが、EVMにプログラムをアップロードするには至らなかった。これは、アプリケーション開発においてデプロイと呼ばれるプロセスだ。この章では、EVMにSolidityをデプロイして、実際の製品やサービスとして使用できるようにする。

5.1 バックエンドとしてのEVM

現在、ソフトウェアアプリはウェブ、iOS、macOS、Windows、Android、Linuxなどに存在し、通常はフロントエンドとバックエンドに二分して語られる。

バックエンドとは、データベースとそれとのやり取りを制御するロジックのことである。データベースは(第3章で学習したとおり)、プログラムが情報を保存する場所だ。フロントエンドとは、ユーザーが目にするアプリケーションの一部、つまりさまざまなラベルとコントロールが搭載されたインターフェースだ。ソフトウェアインターフェースの設計においてコントロールとは、「クリックすると何かが起きるもの」を表す用語である。たとえば、ボタン、スライダー、ダイヤル、ハート、星、承認アイコンなどだ。

すでに説明したように、現在ウェブアプリケーションは一群のコンピューターとサーバーを使用し、それらのほとんどでLinuxのいずれかのバージョンが動作している。複数のコンピューターの振る舞いが時に脆弱になりながらも連携して動作し、ユーザーのスマートフォンやコンピューターでの「シームレス」な体験を提供するのに重要な役割を果たしているのだ(通常、この経験に対して支払いが行われることを期待してのものであるが)。

EVMもビットコインの仮想マシンも、現在はまだ強力な機能を備えていないが、今後は速度が向上していくだろう。コア開発者がブロックを確定する時間の短縮に向かって邁進しているからだ。その仕組みは第6章で詳しく説明する。ここではEVMを、ウェブアプリやモバイルアプリといった従来型アプリケーションのバックエンドに置き換わるようなものだと認識しておこう。EVM自体は本格的なコンピューターであるが、HTML/CSSインターフェースをホスティングできる完全なエンド・ツー・エンドのプラットフォームとはまだ言えない。EVMが担う役割の中でも特に有用なのは、分散型アプリケーションのバックエンドとしての役割だ。

▶5.1.1 | 分散型アプリケーションに対するスマートコントラクト

スマートコントラクトは、EVMにアップロードする機能の単位にすぎない。分散型アプリケーション(DApps)という用語は、通常ウェブやスマートフォンからアクセスできるフロントエンドについて説明したものだ。GUIアプリケーションは、EVMをバックエンドとして使用する。とても簡単なものを除き、分散型アプリケーションのバックエンド機能はいくつかのスマートコントラクトを利用することになる。

5.2 どんなものによっても裏付けられる資産

金融の専門用語で資産とは、将来何らかの利益や価値を生み出すと期待されている貴重な資源のことである。資産には物理的な天然資源から観念的な金融証書まで含めることができるが、定義上は、資産の価格は時間の経過とともに上昇していくはずだ（価格が下がったら、減価償却資産と呼ばれる）。

暗号通貨はどんなものによっても裏付けられる資産であると言える。これが実際に何を意味するのかは、この章の終わりまでに明らかになる。次の例を見ていこう。

▶5.2.1 法定通貨との交換

あなたの名前はアリス。日本に住んでいるとしよう。ここでの支払いは日本円で行われ、家賃や食品など、物やサービスの価格は円建てであるとする。さっそく翻訳作業の対価としてニューヨーク在住の相手に支払いを行うとしよう。その相手はボブだ。ボブは翻訳者で、米ドルを使用する。米ドルで貯蓄し、米ドルで税金を納める。

これが問題を引き起こす。ほとんどの人にとって、外貨を使用する機会は少ない。交換するとなると高い手数料を取られ、価格のずれというリスクもある。ずれとは、たくさん売る機会が来る前に価格が低下してしまうことだ。ボブは円を望まず、アリスはドルを保有していない。

この例では法定通貨（金の裏付けのない通貨）を使用しているが、アリスとボブがキャベツとガラス玉で物々交換する場合もありえる。アリスとボブのどちらかが最寄りの交換所、おそらくは国際空港になるだろうが、そこへ車で行けばよいのだ。それは確かにできる。しかし、そんなのはお金が余っている人のやり方だ。

暗号通貨があれば、現地通貨と暗号通貨の間の換算率（乗数）を決めるだけでよい。後は、その乗数を使用して物々交換品の現地価格に変換する。紙幣を使うのかガラス玉を使うのかは関係ない。取引を行うには、価格に同意すればよいだけだ。

▶5.2.2 ガラス玉としてのイーサ

この例は、イーサとビットコインの基礎となる特性の１つを示している。価値を計算する標準的な単位であり、同時に交換手段そのものともなる。お金にもこのような機能があるが、実際には交換媒介物（紙）は単に銀行の台帳に存在する価値を表現したものにすぎない。ここではいずれも同じものだ。

第６章で詳しく記すが、イーサーやビットコインは、決済がなされるたびにテーブルを作り出し、ネットワークのすべての帳簿で差し引き勘定をする。これは従来のお金に対するもう１つのアドバンテージである。すでにお気づきかもしれないが、自律的に金融的な合意を実行するスマートコントラクトは、この特性にぴったりだと言える。

デリバティブコントラクトは、基になる資産価値に対して複数の当事者間で行われる金融的な「賭け」である。デリバティブとは基本的に、条件によってはアリスがボブに特定の金額を支払うことに同意するということだ。地球上にある金融デリバティブは、現時点で金額にすると１千兆ドルを上回る。その実体はよく知られた小さな証書なのだ。

では、なにゆえに暗号通貨はこのような使い方ができるのか。その答えは

第6章と第7章で次第に明らかになるが、ここではいくつかの思考実験をしてみよう。学習曲線の短縮につながるはずだ。

5.3 暗号通貨は時間の単位

暗号資産と暗号通貨は偽造できない。このことは、時間の単位という、実に興味深い特性を生む。第7章でイーサの発行スキームを取り上げるが、ここでのポイントは、これらのトークンはツリーのリングのようなものであるということだ。つまり、その製造過程は高度であり、そのプロセスは「高速化」できない。このため、遠方の経済圏に住む相手と取引する場合でも、暗号通貨建ての価格を信頼しやすくなる。取引相手がどんなに裕福であろうと大きな勢力を持っていようと、偽造は不可能だ。

本書（原著）執筆時点では、暗号通貨は中央集権的な管理者による金や法定通貨への交換ができないところが多い。ただし、これを財産や通貨に分類している国もほんのわずかだがある。[※1]

それでも、暗号通貨の価格は市場で決まると言える。市場の誰かが何かの対価として支払うだけの価値が暗号通貨にはあるということだ。これは、金の裏付けがある通貨とは対照的である。こうした通貨は地方財源や長期国債とも対照的だ。こちらは数十年先に法定通貨に交換することを政府が保証している。

このように暗号通貨は、分散型のデジタル交換媒介物と位置付けられ、「どんなものによっても裏付けられる資産」と考えることができる。取引するものが牛なのかバナナなのか大豆先物なのか未公開株式なのかは問題ではない。取引は暗号通貨で行うことができる。残る問題は、価格の合意だけだ。

※1　ウィキペディア、「Legality of Bitcoin by Country（国別に見たビットコインの合法性）」、https://en.wikipedia.org/wiki/Legality_of_ bitcoin_by_country、2017。

今日、買い手と売り手の取引を暗号通貨で完了することに合意した場合でも、価格のずれを回避しようと、すぐに暗号通貨を現地の法定通貨に交換することがある。暗号通貨の価格が安定していけば、こうしたことはどんどん減っていくはずだ。取引量が世界中で増えて、暗号通貨の取引市場がさらに深化するか、流動性が高まっていくならば、価格はさらに安定するようになる。

この点で、イーサはビットコインなど他の暗号通貨に似ているが、イーサ本来の価値はEVMでgasコストを支払う際にイーサを使用できることにある。第3章で見たように、だからこそイーサは石油やトウモロコシなどの商品のように扱えるのだ。石油やトウモロコシの本来の価値は、それぞれ燃料や食料品として使用できることにある。

▶5.3.1 資産の所有権と文明

いまさら言うまでもないことだが、社会的構造としてのお金の発明は文明の基礎となるものだ。人類の偉大な考えというものは数あれど、動物の家畜化や幾何学や石器などのイノベーションの中でも、お金はとびきりの発明だ。

お金は、ネットワーク効果の影響を受けやすければ、むしろ早く発展するのではないか。人は、長期間保存できるお金を好む。遠く将来にわたって価値を保持したいのだ。だからといって、人間社会は、これまでの貯蓄が価値のないものにならいないように、一刻も早く新しい交換手段を手に入れようと躍起になっているわけでもない。

ネットワーク効果という概念は、世界各地で技術の人気が高まり広がっていくと、その技術が個人ベースでどのように有用なものになっていくかを説明したものだ。正のネットワーク効果の一例が、ビットコインを使用して世界中の小売商品を購入できることだ。これで、どこに行っても取引が可能になる。第4章で取り上げたビーチで売り歩く人の例を思い出してほしい。

貯蓄（剰余価値）により、人は将来に投資できる。5万年前の昔だろうと今だろうと、余った食品や燃料や人の労働力を自由に使えれば、その余った分を活用して未来の世代のためにさらに大きな剰余を残せるように、将来の計画を立て対策を講じることができる。地域社会の例で考えてみよう。食物が豊作になると、地域の人口が拡大する。共同でダムを築いて田畑に水を引けば、農業の改善がますます進むことになる。

ではいったい、このような古代の歴史は暗号通貨とはどんな関係があるのだろうか。

▶5.3.2 | 山積みの貯蓄は評判につながる

金だろうと貝殻玉だろうと米ドルだろうと、何らかの形でお金を蓄えている人は将来のために再投資する。通常は、自分と家族が住む地域に投資する。これを経済学ではホームバイアスと呼ぶ。人が地域社会で社会的地位を得る手段の1つに、公的事業を提供したり、建設的な社会運動をリードしたり、大規模な雇用を提供したりすることがある。

第1章と前のセクションで述べたように、ビットコインとイーサは、将来のある時点で何かに交換できることが、どの組織によっても保証されない。このため、家族に貯蓄を残したいと思ったら、ビットコインやイーサを長期貯蓄の手段として選ぶ人は少ないだろう。同じことが先を見通す必要がある機関でも言える。慈善団体、年金基金、信託会社、寄付基金などだ。

この先50年、みんながこのようなネットワークを使用するのか、誰にもわからない。一方、国家は数百年にもわたって存続することが多い。国家が法定通貨を発行するときには、経済システムを保護するために軍隊も編成する。しかし、ビットコインやイーサを使用する際には、このような中央集権型の組織は必要ない。事態をさらにわかりにくくしているのは、コンピューターネットワーク全般がずっと存続してきたことだ。その有用性の寿命がわかるほど十分に長い。一方、政府はどうだろう。これまで数千年間(さまざまな形で)存在してきたし、この先何千年も続く可能性だってある。暗号通貨が今のお金よりも長く存続するためにはどうすればよいだろうか。

▶5.3.3 | お金、トークン、評判、それがどうしたというのか

長寿命性は、資産の目玉となる特長だ。資産価値の上昇が長く続けば続くほど、ますます偽造が不可能になり、魅力的なものになる。だからこそ、非常に多くの人が債券と不動産により長期にわたって財産を蓄えているのだ。

なぜこの現実をことさら強調するかというと、ビットコインとイーサをデジタル「収集品」であると考えるからだ。

NOTE

「収集品」は、原著ではcollectibleと表記されている。後述するように、古代における貝殻玉などの物も、現代の暗号通貨も、クレジットを追跡するために使われうるものとして、本章では収集品という言葉がたびたび登場する。(監訳者より)

これから見ていくように、スマートコントラクトの多様な用途を検討するときには、これが最も有用なアプローチだ。結局のところ、EVM用のプログラムをどのように記述すればよいかを学ぶのは、何を構築するのかを理解するのと同じくらい難しい。また、お金の長い歴史を振り返ると、この新たな資産クラスでどのような種類の新しい商取引や社会的構造が可能なのか、多くのヒントが得られる。

イーサリアムの秘めた可能性についてはいろいろと言われているが、インターネットの真の潜在力、中でもモノのインターネット(IoT)に関する記

述が多い。※2 イーサリアムに関する文献がすでにウェブ上にあり、それらを読めば、小型コンピューターで少額取引を実行できる産業や小売りビジネスのシナリオが容易に想像できる。

しかし、この見方では今日すでに行っている取引に限られてしまう。イーサリアムとビットコインプロトコルが約束する未来は、新しい種類の取引と証書をもたらす。このモノのインターネット（IoT）では、日常の消費財の世界はどうなるのか、それらも「モノ」ではないのか。物理的なアイテムにイーサリアムアドレス（パブリックキー）を印刷し、それがスマートコントラクトに属しているとしよう。

あるいはもっと実用的に、QRコードを考えてみよう。ネストされた正方形パターンでマシンが読み取り可能なコードだ。スマホでアプリストアに行くと、無料のQRコードリーダーアプリがいくつも見つかるはずだ。このようなQRコードが衣服や宝飾品や芸術品やその他の物品などの日常の貴重品に印刷される。それが、デリバティブコントラクトや日常のリローダブルデビットカードや収集品という概念をどのように結合できるのか想像できるだろう。

▶5.3.4 ｜コインは収集品

この不思議な世界に入り込む前に、ニック・サボ氏の著述から人類の歴史を見ていこう。サボ氏は、暗号通貨のパイオニアで、ウェブに発表した多数のエッセイは今日の暗号通貨の熱狂的信奉者とサイファーパンクの多くに影響を与えている。

2002年に、サボ氏は人類がその歴史全体にわたって観念的価値を

※2 ConsenSys Media、「Programmable Blockchains in Context: Ethereum's Future（プログラミング可能なブロックチェーンをイーサリアムの将来という文脈で読み解く）」、https://medium.com/consensys-media/programmable-blockchains-in-context-ethereum-s-future-cd8451eb421e#.rwdqmpvu0、2015。

表す物品とどのようにかかわってきたのかを書いている。こうした収集品により、人類はさらに大きく複雑な金融取引に関与できるようになったと、氏は説明する。※3

収集品は、このような種類の取引を初めて可能にするうえで重要な役割を果たした。「囚人のジレンマ」を解決する手段として人類の大きな脳と言葉を補強したのだ。ほぼどの動物も返礼が滞ると親族以外とは協力しなくなるというジレンマだ。

取引でやり取りする信頼できる収集品がなければ、自身が広げてきた血縁ネットワークの外にいる第三者と資源を取引する気にはならないだろう。これは、大規模国家のなかで人々が平和的に共存するうえで、よい前兆ではない。

5.4 人類のシステムで収集品が果たす役割

長期間にわたってクレジットを追跡することは、お金の主な役割である。地域社会の閉じた会計制度として、支払われたクレジットと与えられたクレジットを追跡するのだ。これは有利に働く。ますます大きなグループが交流し、協力しようとするからだ。

収集品を使用してクレジットを数えるのは、原始的な会計の本質である。最終的に、このようなクレジットの価値が観念となり、金といった価値を計る汎用的な手段を用いるようになった。このように考えると、現代における富と承認の関係がよくわかる。

イーサリアムとビットコインは、数万年もの昔からある問題の核心を突く。評判を考慮するのは人間の自然な行動だが、完全なものでもないという問題だ。サボ氏は次のように続ける。

※3 ニック・サボ氏、「Shelling Out: The Origins of Money（支払い：お金の起源）」、http://nakamotoinstitute.org/shell-ing-out/、2002。

評判を信用するにあたっては、主に２種類の誤りを犯しがちだ。人が何をしたのかに関する誤りと、その行為によってもたらされる価値や損害を査定する際の誤りだ。ネアンデルタール人も、現世のホモサピエンスも、脳の大きさは変わらない。それを考えると、ある地域の一族が他の地域に暮らす一族のクレジットを追跡していたのは間違いないだろう。一族が違っても同じ部族内であれば、互いのクレジットを追跡し、互いの収集品を使用していたはずだ。

同じ種族の２つの一族が閉じたシステム内で収集品を交換するというのは、プライベートな銀行データベースのようなものである。あるいは、プライベートなブロックチェーンだ。サボ氏は次のように書く。

種族間では、交換するかどうかを決める要因として収集品が評判に完全に取って代わった。ただし、権利を行使する際や、取引コストが高いためにほとんどの種類の取引が行えない場合には、依然として武力が主要な役割を果たした。

今日の銀行と同じく、先年の人の集団は自分たちの会計制度以外で取引しようとすると問題が起きた。誰の貨幣制度を使用するのか。誰が種族間のクレジットを追跡するのか。あれだけ多くの殺りくがあっても不思議ではない。相手をだます機会は常にあった。

N O T E

クレジットは、短期の借りの意味で使っているが、原著書では「favor」という言葉が使われている。（監訳者より）

▶5.4.1 早期の偽造

種族間取引の解決策は、珍しい芸術品を使用することであった。希土類だけでなく、自分たちで見つけたり、ゼロから作ったりするのが難しいものなら何でもよかった。ただ美しいものというだけではなかった。手に入れるのが難しいものか、高い技術を要する製品である必要があった。そうした収集品であれば、人がある程度手を掛けたものになるからだ。こうした収集品は、職人による「プルーフ・オブ・ワーク」であると考えることができる。ここで前に取り上げた概念に戻ろう。ビットコインとイーサは時間貯蓄であるというあの概念だ。サボ氏は次のように言う。

何らかの機能的な特性を備えている必要があった。たとえば、人が身に着けられる安全性とか、簡単に隠したり埋め込んだりできるコンパクトさとか、偽造できないほどの精密さとかだ。そうした精密さは、受け取る側で検証可能であったはずである。今日、コレクターが収集品を査定する際に使用するのと同じスキルだ。

▶5.4.2 お金としての宝飾品と芸術

お金として使用できる信頼性の高い収集品ほど人類の経済発展に不可欠なものはなかったはずである。これは、お金を使用すると協力しやすくなるからだ。サボ氏は、協力とはグループレベルで適応特性を定義したものであるとまで言う。

今日、地球上のほとんどの大型動物は、弾丸を恐れている。ある1つの種の捕食者だけが手に入れたものだ。

そのとおり、それは我々のことだ。道具を作ってオオカミのように狩りをし、シロアリのように共同体に暮らす類人猿のことだ。ある意味、現代の暗号通貨は人々が協力し合う高度なシステムにとっての超潤滑剤である。全世界をまたに掛けて、さまざまな要素から改ざんできない勘定体系を作り上げるからだ。

▶5.4.3 紙幣への一歩

お金と評判と社会的地位は、常にひとまとめにされてきた。原始時代の貴重品が身に着けることができる物だったというのも道理である。金の装身具やダイヤをちりばめた王冠などだ。結局のところ、勤勉（あるいは幸運）が授けてくれたステータスを誇示すればよいのではないだろうか。

ただし、社会が豊かになっていくと、誰もが小さな金を手にするようになり、少しずつでもいいからお金が欲しくなる。暮らしが向上すれば、新たな商品とサービスの市場が生まれ、富裕層は社会的ステータスも誇示できるようになる。

ある時点で、物が巷にあふれる。そうなると、人は商品のブランド名や子どもを通わせる学校など抽象的な事柄で競い始める。

開発途上の社会がこの時点に達するころには、十分な富が銀行に蓄えられ、口座を持っている人が紙幣で取引を始める。この仕組みをうまく説明しているのが、エコノミストのマーティン・アームストロング氏だ。※4 彼は言う。

> 紙幣と金融業者が発行する預金証書との違いは単純だ。預金証書は、アカウントではなく「持参人」に支払うのであれば、紙幣に交換された。英国のパターソン銀行が事実上の流通紙幣を作成したの

※4 Armstrong Economics（アームストロングエコノミクス）、「Money and the Evolution of Banking（お金とバンキングの進化）」、https://www.armstrongeconomics.com/research/monetary-history-of-the-world/historical-outline-origins-of-money/%20money-and-the-evolution-of-banking/、2016。

は、うまいやり方だ。このような証書に対する蓄えがなかったときには、証書を「持参人」に支払うようにして、流通「紙幣」を作り出したからだ。

ビットコインは、この関係をほんの少しだけ改訂した。持参人アカウントを作成したのだ。アカウントのパスワードとプライベートキーを持つ人なら誰でもデフォルトで所有者になる。イーサリアムアドレスなどのビットコインアドレスは、個人に対して登録されない。仮名で作成される。

イーサは、EVMでの計算時間にも交換できる紙幣を発行するようなものだ。

5.5 高価値のデジタル収集品用プラットフォーム

デジタルの文脈で言うと、信頼性の高い時間の貯蓄はデジタル収集品のプラットフォームとして信じられないほどの可能性を秘めている。デジタル収集品とは、ある人の個人的な空間(オンラインや現実世界)で展示したり、身に着けたり、掛けておいたりすることができ、また叩き壊したり、正当な所有者から簡単に盗み出したりできない貴重なアイテムのことだ。

モノのインターネット(IoT)と言うと、ほとんどの人がセンサーモーターや自己診断する産業機器や無人自動車を思い浮かべる。価値のインターネットとは、ブロックチェーン技術を婉曲して表現したもので、イーサリアムとビットコインの概念を表すのに使用される比喩の1つだ。しかし、観念的に捉えるよりも、貴重な芸術品や宝飾品やファッションやプレミアム商品の観点から、その可能性を考えたほうが有益かもしれない。今日のものとよく似ているが、検証可能な起源と所有権がブロックチェーンに保存されるという特徴がある。

将来、物品の目録を作成したブロックチェーンが引き続き稼働している限り、物品の所有権と価値と起源が「忘れ去られる」ことはまずない。果たして100年後もAntiques Roadshow（アンティークスショー）がTVで放映されているだろうか（その賭けをするスマートコントラクトを記述することすらできるのだ）。

5.6 トークンはスマートコントラクトのカテゴリー

一般に、イーサリアムプロトコルは特徴がないことを誇りにしている。これが、トークン（概念）がスマートコントラクト（概念）と大きく重なる部分がある理由の1つだ。トークンは、EVMにおけるスマートコントラクト機能の1つの応用にすぎない。

NOTE

この章では、独自のトークンをデプロイする。トークンは、スマートコントラクトの（よく使用される）応用である。本書ではMistウォレットを使用して特にトークンを作成する。現時点では、Mistでこのように適応するスマートコントラクトのカテゴリーはほかにない。

とは言っても、イーサリアムにはスマートコントラクトでよく使用されるユースケースへの備えがある。それがサブ通貨、別名「トークン」だ。簡単に稼働できるようになればと願ってイーサリアム開発者がMistウォレット内にテンプレートを用意しているので、独自のトークンを開始できる。しかし、現在すぐに利用できる機能は、カスタムの価値単位を作成することだ。この価値単位は、イーサとともにEVM内に伝搬できる。

このユーザーフレンドリーなトークン作成進行状況をユーザーへのバリュープロポジションのために簡潔に説明するなら、「自動台帳残高調整がサービスとして提供された、きわめて安全なデジタル貨幣制度」となるだろう。

ここまでイーサリアムとビットコインの歴史を振り返り、暗号収集品とスマートデバイスの新たな時代を築くことを見てきた。ここからは、世界にトークンをデプロイする核心に戻ろう。

NOTE

この章には、第2章でインストールしたMistウォレットを使用する演習が含まれている。マシンへのインストール後に、イーサリアムウォレットというラベルが表示されることもある。本書では、今日デスクトップコンピューターとモバイルコンピューターに使用できる他の多くのイーサリアムウォレットと区別するため、Mistと呼ぶことにする。

▶5.6.1 ソーシャルコントラクトとしてのトークン

トークンは、第3章で学習したように、コインと呼ばれることもある。トークン自体がスマートコントラクトであることも学習した（今後何度も繰り返すので、本書を読み終える頃にはこのような用語が自然と口から出るようになるはずだ）。

しかし、トークン自体は（あらゆる形態のお金と同じく）ソーシャルコントラクトであると見ることもできる。つまり、ユーザーグループ間の合意だ。トークンを使用してグループが暗黙的に合意することを平易な言葉で言い換えれば、次のようになる。

「私たちの地域社会では、みんながこのトークンをお金として扱うことに合意すること」。

また、これは偽造によってシステムを台無しにしないことに暗黙的に合意することでもある。

今日ソフトウェアという形態のソーシャルコントラクトとして最も身近なものと言えば、エンドユーザーライセンス合意書（EULA）だろう。ユーザーは、フェイスブック、ツイッター、iTunes、Gmailなどのサービスにアカウントを作成するときに署名する。この合意には通常、ほかのユーザーへの迷惑行為などを禁じる言葉が含まれている。迷惑行為があると、ユーザー体験が低下するからだ。

このように考えると、今日のデジタルメディアとデジタル商品がどのようにしてデジタル収集品になるのかを想像できるようになる。デジタル収集品が将来のソーシャルネットワーク内で話題になり、販売され、展示される。オンラインの芸術作品を自撮りやポッドキャストと同じように販売し、ライセンス供与し、任意のサイズにして有料で貸し出すことができるのだ。

▶5.6.2 ｜トークンは優れた最初のアプリ

トークンを作成するときは、それを使用するコミュニティーが価値あるものであれば、トークンもそれだけの価値を持つということを考慮する。したがって、何らかのお金やスクリップを使用して、すでに取引が行われている既存のコミュニティーでトークンを開始したほうが大幅に楽である。

ただし、サブ通貨を作成することが暗号資産の唯一の用途ではない。資産という概念は高度に一般化されている。資産は、金融契約やスマートコントラクトという形で、株式持分や宝くじや地域経済圏内での単なるスクリップを表現するために使用できる。その価格は、市場で決定されることもあれば、別の資産に連動することもある。そのルールは主に自分で判断することになる。

NOTE

スクリップは、サブスクリプションという単語に由来する用語だ。歴史を振り返るとさまざまな定義があるが、主としてIOU（I Owe You）のことを言う。また、マイレージや報酬ポイントなどのプライベートな通貨機能を指すこともある。本書では、一般的なアカウント単位の意味で使用する。EVMの巨大な分散型ビーンカウンターで使用される「ビーンズ」だ。

イーサリアムでは、トークンはパブリックブロックチェーン内に存在し、それに依存する。イーサのサブ通貨を作成できるが、イーサは常に特権付きトークンのままで、これでマイナーとgasコストに対して支払いが行われる。単に独立したブロックチェーンネットワークが必要な場合は、独自のプライベートブロックチェーンを作成し、メインイーサリアムチェーンから完全に切り離されたものにすることができる。

サブ通貨を作成するのは簡単だ。開発者ならさまざまな使い方をしたいと考えているだろうが、その好奇心が満たされるはずだ。

勤務先が独自のブロックチェーンを使用することに関心を寄せていたらどうするか。心配はいらない。第8章では、イーサリアムパブリックチェーンとは別個の独立したプライベートチェーンとクリプトエコノミーを作成することになる。

5.7 テストネットでのトークンの作成

コントラクトをデプロイするには、Ropstenテストネットに接続し、イーサの送信に使用できるようにする必要がある。

デスクトップコンピューターでMistウォレットを起動する。Mistウォレットの［Develop（開発）］メニューに移動する。図5-1に示すように、［Network（ネットワーク）］メニューがあるはずなので、テストネットを選択する。

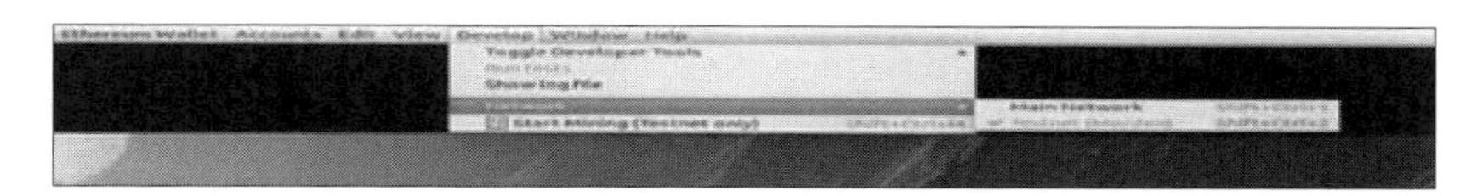

図5.1：テストネットへの接続

テストネットを使用すると、図5-2に示すように、Mistブラウザーに警告が表示され、強調される。

図5-2:テストネットに接続すると、MistのUIにインジケーターが表示される。

▶5.7.1 フォーセットからのテストイーサの取得

イーサリアムでは、Ropstenテストネットで使用できる仮のイーサを配布するフォーセットをセットアップする。このセクションでは、独自のフォーセットをセットアップするのではなく、図5-3に示したサードパーティーのフォーセットを使用する。次のURLで使用できる。

http://faucet.ropsten.be/

フォーセットからテストネットイーサを受信するには、以下の手順を実行する。

1. 上記の手順でMistウォレットがテストネットで動作していることを確認したら、まだ持っていなければアドレスを作成する。この長い16進アドレス(0x...で始まる)をシステムクリップボードにコピーしてから、アドレスフィールドに貼り付ける。
2. イーサを取得するには、[send me 1 test ether(1テストイーサを自分宛てに送信する)]というボタンをクリックする。

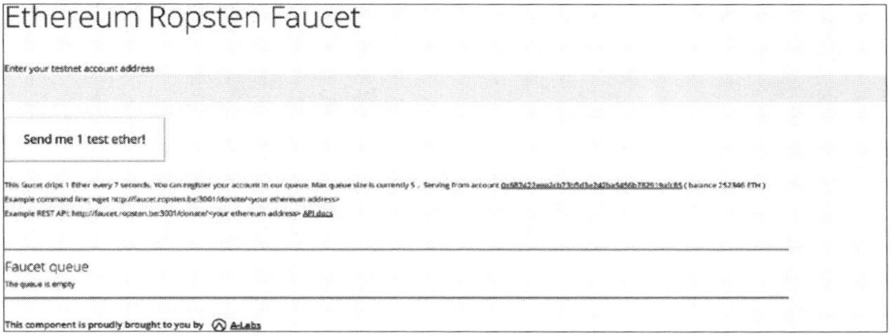

図5-3：イーサリアムテストネットにはテストイーサを配布する機能が付属していて、テストイーサはコントラクトを記述中またはデバッグ中でも使用できる。

イーサの転送を実際に試したいなら、Mistウォレットのアドレス間でテストイーサを転送する。これを行うには、Mistに戻り、[Home（ホーム）]ビューに新しいウォレットアドレスを作成する。[Send（送信）]タブを使用して、ウォレットアドレス間でイーサを送信できる。イーサを自分宛てに送信しようと、地球の裏側の誰かに送信しようと、速度はほとんど変わらない。それが、分散システムの長所である。

テストネットにはブロックチェーンエクスプローラーもあり、すべてのテストネットトランザクションを参照できる。単にブロックチェーンエクスプローラーで検索ボックスにテストネットMistアドレスのいずれかを入力するだけだ。そうすると、そのアドレスのすべてのトランザクションが表示される。

ブロックチェーンエクスプローラーの代表的なものはイーサスキャンだ。

https://etherscan.io

ここまでRopstenチェーンでのテストイーサをざっと見てきた。ここからは次の一歩を踏み出そう。トークンとも呼ばれる独自のイーササブ通貨を作成する。コーディングは不要である。

NOTE

テストネットとメインネットワークとを分けるものは何か。両者は別々のチェーンなのだ。多くのハードドライブを搭載したコンピューターのように、イーサリアムノードは多くのチェーンに接続できる。

次のセクションでは、今のやり方をコピーしてウェブサービスとしてのお金の将来に貼り付ける。つまり、定型文コードを使用して、独自のカスタム会計システムと価値転送システムを作成する。要は、イーサリアムパブリックチェーンで安全に保護された独自の資産データベースだ。

▶5.7.2 │ 演習：コーディングなしでカスタムトークンを作成する

5分ほどで独自のトークンを作成できる。ここでは第2章でダウンロードしたMistブラウザーと、任意のテキストエディターだけを使っている。macOSやWindowsやUbuntuを使用している場合は、テキストエディターアプリケーションが付属しているが、Sublimeテキストなどのサードパーティーのアプリケーションを選択してもよい。

Mistをはじめ、すべてのイーサリアムクライアントアプリケーションをダウンロードするためのリンクを思い出してほしい。次のURLに掲載している。

http://clients.eth.guide

NOTE

この演習では、当分はテストネットにトークンを作成する。トークンを含めどのスマートコントラクトも、EVMにデプロイするにはお金がかかる（イーサ）ことを思い出してほしい。メインネットワークにトークンを作成するのに特に危険なことはないが、ここにトークンをデプロイするには少額ながらも実際のイーサを支払う必要がある。どんなに少額だろうと、実際のお金を浪費しても意味がない。

これまでにプログラミングの経験がある人ならわかるだろうが、ほとんどの開発者環境は統合アプリケーションスイートでアプリケーションを作成するようになっている。驚くべきことに、イーサリアムプロトコルでは、コンピューターのテキストエディターとMistウォレットさえあれば、アプリケーションを記述してデプロイできる。

N O T E

Mistブラウザーでは、バージョンの関係上、うまくいかないことがある。その場合は、次のセクションで、ブラウザーコンパイラーの方法を解説したので、試してみてほしい。（監修者より）

まずは、イーサリアムMistウォレットを開く。

図5-4に示すように、右上の［Contracts（コントラクト）］タブをクリックする。

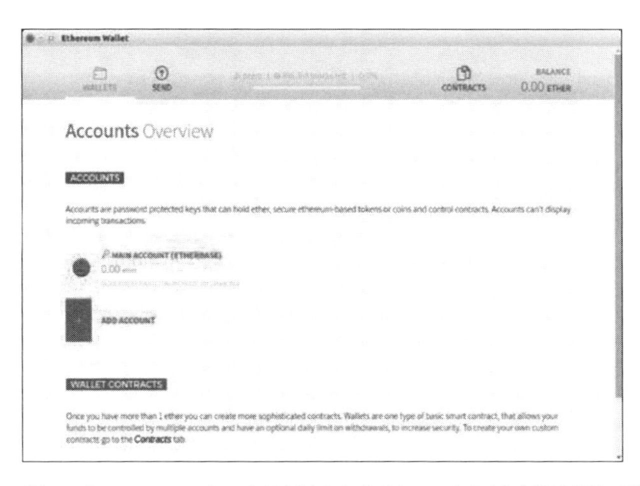

図5-4：［Contracts（コントラクト）］タブでは、コントラクトを貼り付けてデプロイできる。

1．図 5-5に示すように、［Deploy New Contract（新しいコントラクトをデプロイする）］オプションをクリックする。

2. 本書のGitHubプロジェクトに移動し、mytoken.solというドキュメントを探す。このファイルからコードをコピーする。コードは図5-6のようになる。

   https://github.com/chrisdannen/Introducing-Ethereum-and-Solidity

3. このコードをコピーする。Mistウォレットに戻り、図5-7に示すように[Solidity Contract Source Code(Solidityコントラクトソースコード)]というラベルが付いたボックスで、コードをデプロイビューに貼り付ける。貼り付ける際、必要な情報はすべて置き換えること。

4. コントラクトの名前が右のメニューに自動的にロードされる。My Tokenという名前になっているはずだ。それを選択する。図5-8に示したフィールドが表示される。

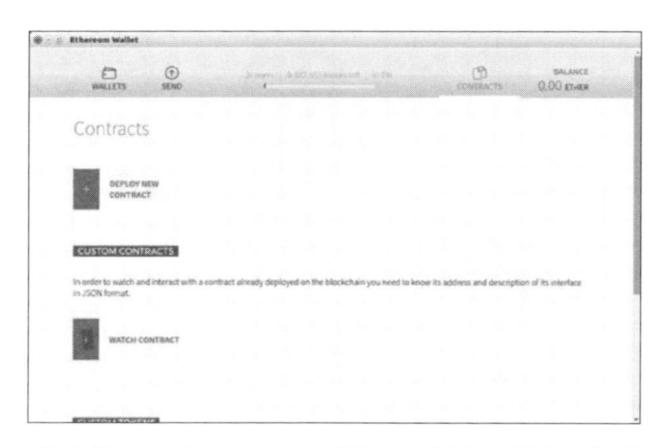

図5-5:[Deploy New Contract(新しいコントラクトをデプロイする)]オプションをクリックして、コントラクトコードを入力する。

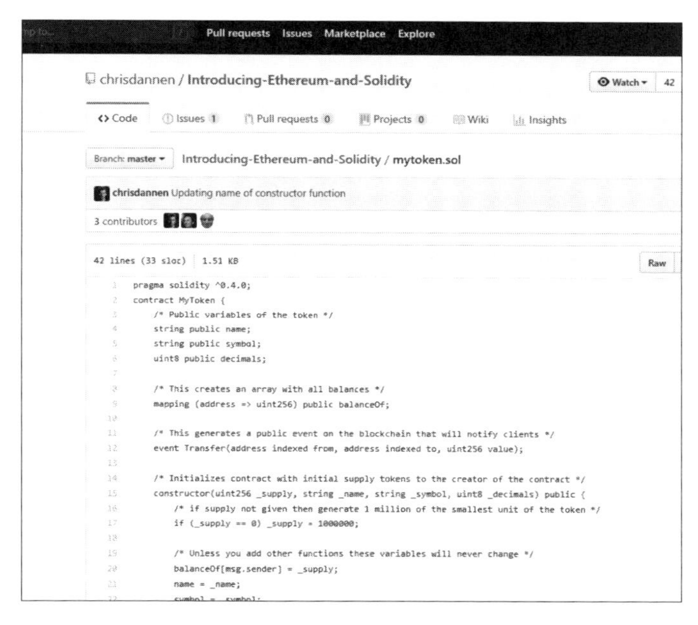

図5-6:GitHubで参照した、サンプルプロジェクトコード

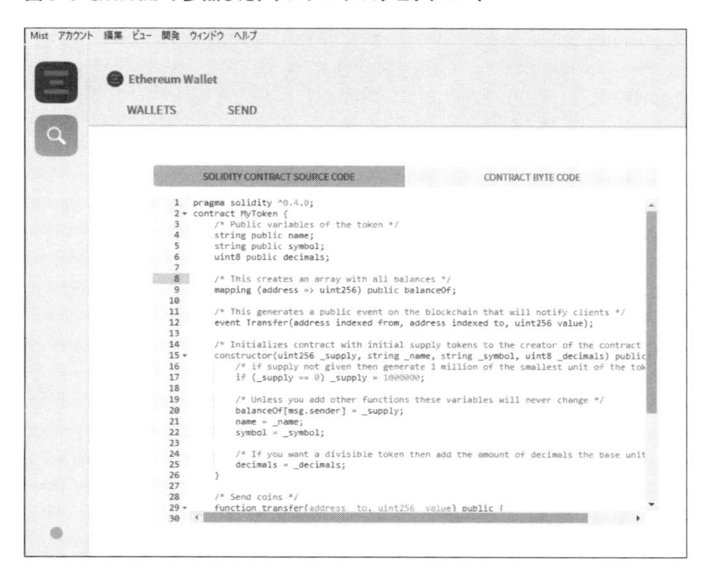

図5-7:コントラクトソースコードに貼り付けるときには、すべて置き換えること。

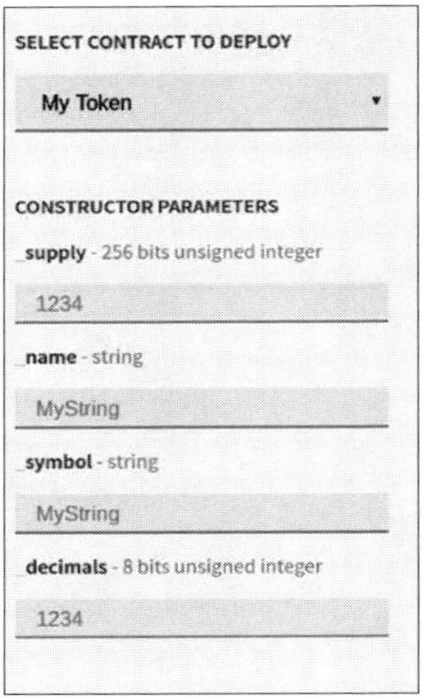

SELECT CONTRACT TO DEPLOY

My Token

CONSTRUCTOR PARAMETERS

_supply - 256 bits unsigned integer

1234

_name - string

MyString

_symbol - string

MyString

_decimals - 8 bits unsigned integer

1234

図5-8:コントラクトコードを貼り付けたら、トークンパラメーターを入力する必要がある。

NOTE

各ラベルの後に続くテキストに留意してほしい。これらが第4章で説明した型である。[supply(供給)]フィールドと[decimals(小数点以下の桁数)]フィールドは、型uintのもの、つまり正数である必要がある。残りのフィールドは、任意のテキストや数値からなる文字列にすることができる。

◆[日本語版コラム]ブラウザーコンパイラーを試す

前述したように、Mistブラウザーでは、バージョンの関係上、うまくいかないことがある。Mistブラウザーの話をストップし、ブラウザーコンパイラーを試してみよう。

まず、ブラウザーコンパイラーのサイトに飛ぶ。
https://remix.ethereum.org

左上のプラスボタンを押すとファイルを作成することができる。MyToken.solという名前で作成し、エディタ上に以下のコードを貼り付ける。

````
pragma solidity ^0.4.18;

contract MyToken {
    /* This creates an array with all balances */
    mapping (address => uint256) public balanceOf;

    /* Initializes contract with initial supply tokens to the creator
of the contract */
    function MyToken (
        uint256 initialSupply
        ) public {
        // Give the creator all initial tokens
        balanceOf[msg.sender] = initialSupply;
    }

    /* Send coins */
    function transfer(address _to, uint256 _value) public returns (bool
success) {
        // Check if the sender has enough
        require(balanceOf[msg.sender] >= _value);
        // Check for overflows
        require(balanceOf[_to] + _value >= balanceOf[_to]);
        // Subtract from the sender
        balanceOf[msg.sender] -= _value;
        // Add the same to the recipient
        balanceOf[_to] += _value;
        return true;
    }
}
```
````

右のセクションのタブでCompilerを選択していることを確認し、プルダウンメニューから`0.4.18+commit.9cf6e910`というコンパイラーバージョンを指定する。そうするとMyTokenという名前で右下に緑色のブロックが表示される。これが表示されていれば、コンパイル成功だ。
````

次にCompilerタブからRunというタブに移動し、一番上のEnvironmentのプルダウンメニューからJavaScript VMを選択する。その後下にあるDeployというボタンを押す。最下部のDeployed Contractsの箇所にMyTokenというコントラクトが表示されていればデプロイ成功だ。

▶5.7.3 ｜演習：トークンを監視する

ここからは再びMistに戻り、トークンを監視する方法を説明する。

1. **次の各フィールドに値を入力していこう。**
   [supply（供給）]：いくつのトークンを作成するか。
   [Name（名前）]：このトークンを何と呼ぶことにするか。
   [Symbol（記号）]：キーボードのどの記号を「ドル記号」として使用するか。
   [decimals（小数点以下の桁数）]：トークンをドル単位とセント単位で表す場合、100サブ単位を1,000にするか、10,000にするか。
2. **パラメーターを設定したので、最下部にスクロールし、[deploy（デプロイ）]ボタンをクリックする。手数料スライダーはデフォルトのままでよい。トークンのデプロイで何が消費されても、後で払い戻される。**
3. **[Wallets（ウォレット）]タブで、最新のトランザクションまでスクロールダウンする。先ほどデプロイしたコントラクトのアドレスが表示される。トークンの残高を表示するには、このトークンを「監視」する必要がある。これは、次の演習の主要なテーマだ。**

トークンを作成したら、Mistウォレットでそれを誰か他の人に送信できる。ただし、その前に相手のウォレットアドレスを入手しておく必要がある。相手がトークンを見るためには、トークンの監視を相手に通知する必要がある。これらが他とはどのように違うのかについては、後で詳しく説明する。

トークンが自分で作成したものであろうと、大きな組織によって作成されたものであろうと、いずれのトークンもイーサリアムシステムには等しく作成される。iPhoneは、App Storeにあるアプリを何でもダウンロードするわけではない。それと同じく、Mistでも自分が欲しいものを探し出してダウンロードできる。

図5-9の［Watch Contract（コントラクトの監視）］ダイアログボックスに示したように、トークンをフォローするのはそんなに大変ではない。詳しく見ていこう。

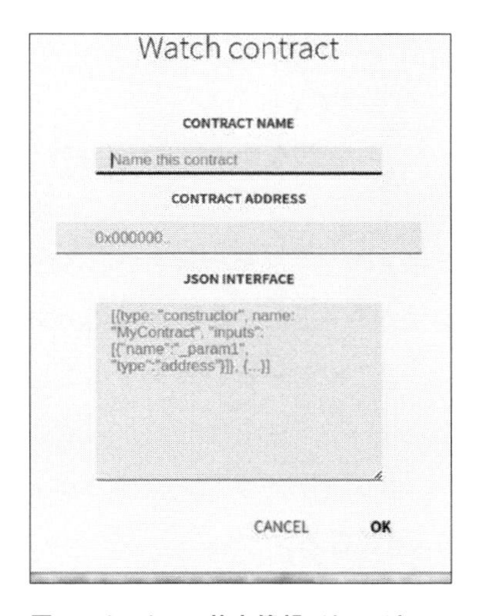

図5-9:トークンの基本情報がわかると、Mistでそのトークンの残高を追跡できるようになる。

スマートコントラクトをEVMにアップロードしたら、それだけで世界各地からそのコントラクトにアクセスできるようになる。Mistウォレットパラダイムではアプリをダウンロードする必要がない。とは言っても、コントラクトのコードは各ブロックに配置しておく。こうして、コードはマイニングしているマシンに受動的にダウンロードされる。

すべてのスマートコントラクトがサービスとして配信され、かつほぼ同時にローカルに実行されるため、まるでApp Store全体がすでにマシン上にあるかのようになる。後は単にアプリを起動しさえすればよい。

このように特定のアプリ（コントラクト）を起動するというのは、現在調査しているアプリのトークンカテゴリーを使用する場合にはよくあることだ。トークン用語では、これをトークン監視と呼ぶ。トークンはスマートコントラクトの応用としてよくある有益なものなので、Mistウォレット内に既成のトークン監視用インターフェースが見つかるはずだ。次に、その仕組みを示す。

1. Mistで［Contracts（コントラクト）］タブに戻る。
2. ［Watch token（トークンの監視）］をクリックする。
3. トークンアドレスを貼り付ける。このトークンの名前を書き込む（名前がある場合）。
4. Mistにはトークン用のフロントエンドインターフェースが付属しているため、［JSon］ボックスには何も入力する必要がない。この章の後半でカスタムのコントラクトをデプロイするときには、ここにデータを入力することになる。
5. ［Watch（監視）］ボタンをクリックする。メインのMistウォレットダッシュボードにこのトークンの残高が表示されるようになる。

ほかのコントラクトを監視するには、ブロックチェーンエクスプローラーで対応するコントラクトアドレスを検索する必要がある。イーサリアムチェーンで使用できるブロックチェーンエクスプローラーは数多くある。次のURLにアクセスしてほしい。

http://explorer.eth.guide

この章の演習では、テストネットにコントラクトをデプロイするので、前述のエクスプローラーには表示されない。エクスプローラーはデータベースリーダーのようなもので、テストネットはメインネットワークとは別のデータベース（またはチェーン）なのだ。メインネットワークでは、実際のイーサが取引され、ブロックチェーンエクスプローラーのほとんどがインターフェースを備えている。

▶5.7.4 | フォーセットからのテストイーサの取得とトークンの登録

イーサスキャンなどのブロックチェーンエクスプローラーにトークンを登録し、トークンがERCトークン規格に準拠したものであれば、誰でもトークンを検出できる。ERCは、Ethereum Request for Commentの略で、インターネットに関する主要な技術開発および規格設定団体で使用されるRFC（Request for Comment）と呼ばれる共通規約のことである。ERCドキュメントだけでなく、イーサリアムコミュニティー開発もEthereum Improvement Proposals（EIP：イーサリアム改善提案）が主導している。標準のトークンからアクセスできる関数が事前にプログラミングされて標準化されている。このような関数のリストを参照するには、次のURLにアクセスしとほしい。

https://github.com/ethereum/EIPs/issues/20

また、イーサリアムベンチャースタジオConsenSysが、次のURLで料のオープンソーススタンダードのスマートコントラクトコードをリリースしている。

https://github.com/ConsenSys/Tokens

これらのURLのどちらも、次ににリンクが掲載されている。

http://tokens.eth.guide

5.8 最初のコントラクトのデプロイ

かつてはイーサリアムプロトコルを起動すると、標準のコントラクトがいくつか用意されていたのだが、すでにそのほとんどは廃止されている。本書を執筆している時点で、トークンのみが標準化されている。これは、Mistブラウザーでトークンウィザードを使用してトークンをデプロイしたことからも明らかだ。

ただし、ギャビン・ウッド氏により、Apache 2ライセンスの下で一群の簡単なコントラクトがリリースされており、試しに使うことができる。これから、これらのコントラクトの1つをデプロイするが、残りは次のURLで確認できる。

https://github.com/ethcore/contractst

「標準」は考慮されなくなるが、以下のコントラクトは有用な学習ツールだ。第4章で見たように、スマートコントラクトが備える自律性を効果的に示すことができるからである。特に、コントラクトがどのようにイーサを保持できるのか、どのような仕組みで事前に指示した場合にのみイーサを送り返すことができるのかに注目してほしい。

NOTE

イーサリアムのアカウントには2つのタイプがあることを思い出してほしい。1つはスマートコントラクトアカウントで、もう1つは外部所有アカウントだ。後者は、キーペアによって制御され、通常は人や外部サーバーによって保持される。

標準のコントラクトライブラリーがないというのは不思議な感じがするが、何も心配することはない。数多くのサードパーティーグループが標準のスマートコントラクトライブラリーを作成しており、その一部は特定の業種に特化したものとなっている。には、Solidityサンプルコントラクト、ベストプラクティス、ガイド、チュートリアル、コントラクトライブラリーなど多くのリソースが掲載されている。

初めてコントラクトをデプロイする場合は、事前に今本当にテストネットで作業していることを再確認すること。macOSでもWindowsでもUbuntuでも、トップバーに［Develop（開発）］メニューが表示されるはずだ。Ubuntu 14.04環境では図5-10のようになる。また、Mistがテストネットでマイニングを実行できることにも注意してほしい。これにより、ローカルでコントラクトをテストできる。これについては、次のセクションで詳しく説明する。

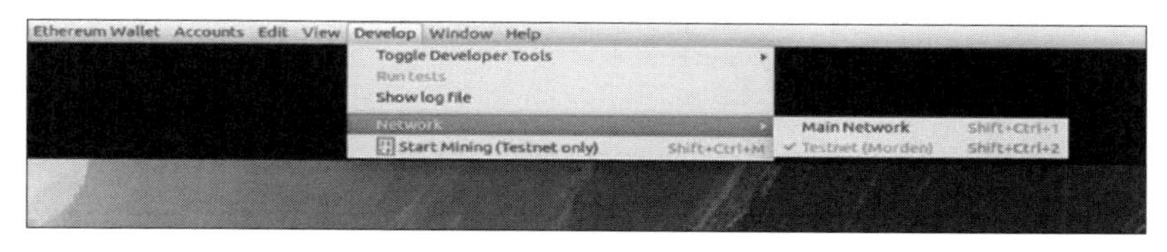

図5-10：テストネットで作業していることを再確認する。

owned contractは、スマートコントラクト学習支援ツールだ。EVMで可能な基本的関係の1つを確立するからである。つまり、外部所有アカウントとコントラクトアカウントとの関係である。確かに、これらのアカウントは別個のエンティティだが、コントラクトアカウントと外部アカウントとの関係はプログラミングできる。

もしプログラムに誤りでもあれば、コントラクトアカウントに送信されたお金はロックされてしまう恐れがあることを思い出してほしい。しかも、そのお金を取り戻すための頼みの綱はない。

たとえコントラクトの作成者本人であっても、コントラクトに入る裏口はない。EVMは、このように公平に容赦がない。このことも、テストネットと仮のイーサを使用する理由である。仮のイーサは、このサンドボックス環境にコントラクトを作成するときにフォーセットから入手する。

コントラクトコードは、次のURLに用意されている。

https://github.com/chrisdannen/Introducing-Ethereum-and-Solidity/

コントラクトには危険な面があるため、プログラマーが制御できるコントラクトを記述するようにすることが重要だ。このため、owned contractという名前になっている。これにより、小さなイーサクラスを記述して他のSolidityコードから制御する方法がわかる。早速、owned.solを見てみよう。

```
//! owned contract
//! ギャビン・ウッド(Ethcore)、2016年
//! Apacheライセンス2下でリリースpragma solidity ^0.4.6;
contract Owned {
modifier only_owner { if (msg.sender != owner) return; _; } event NewOwner(
address indexed old, address indexed current);
function setOwner(address _new) only_owner { NewOwner(owner, _new); owner
= _new; }
address public owner = msg.sender;
}
```

NOTE

デプロイする前に、スマートコントラクトの先頭行にSolidityバージョンプラグマを追加することを忘れないこと。これは必要不可欠なものではないが、コンパイラーエラーを防ぐことができる。

この後すぐにowned contractをデプロイする。その時点で、EVMからコントラクトアドレスが返される。それをテストネットにアップロードしたら、このコントラクトアドレスをMistウォレットの[to(宛先)]フィールドに貼り

付け、その宛先にいくらかのイーサを送信してアクティブにできる。外部アカウントがmsg.senderになって、それがこのコントラクトのownerになる。

これはどういうことか。このコントラクトが、EVMに永久にホスティングされるということである。関数が1つだけあって、このコントラクトがどこに属するかというと、指定されたアドレスでその関数を呼び出す個人やコントラクトである。他の誰かがこのコントラクトをコピーして自分でデプロイしても、それは同じEVMに存在するが、アドレスが異なることに注意してほしい。同じコントラクトの別のインスタンスになるわけだ。

▶5.8.1 ｜同じ家、異なる住所

2人が同じEVMにまったく同じコントラクトをデプロイしたとしよう。ただし、アドレスは別々だ。コンピューティングでは、同じ設計図から2件の家を建てるのとほぼ等しいと言えるかもしれない。これらは、同じ物理空間を占めることはできないが、単に同じクラスのインスタンス（現実世界での設計図）である。

owned.solは、スマートコントラクトのゴールデンレトリーバーである。名前を呼ぶとすぐに走り出し、相手に自身の所有権を与える。相手が外部アカウントを操作する人間なのか、単にowned.solをプログラムで呼び出す別のスマートコントラクトなのかは関係ない。

アリスがインドからEVMにowned.solをアップロードしたら、ローカルスクリプトとしてアクセスできるようになるので、今度は自分がニューヨークからEVMにコントラクトをアップロードして拡張を施すことができる。魅力的ではないだろうか。

最後のデプロイ（トークン）では、単にSolidityコードを貼り付けただけで、Mistで作業できるようになった。実に魅力的だが、少し簡単すぎる。背後で何が起きているのかを詳しく学ぶため、オンラインコンパイラーを使

用してSolidityコードをEVMバイトコードに手動でコンパイルしてみよう。

なお、オンラインコンパイラーは、次のURLに用意されている。

http://compiler.eth.guide

コンパイラーをブラウザーに開いたら、本書のGitHubページに戻ること。owned contractをコンパイルし、テストしてみよう。GitHubレポでowned.solという名前のSolidityスクリプトを探し、それを開いて次の手順を完了する。

https://github.com/chrisdannen/Introducing-Ethereum-and-Solidity/

NOTE

ファイル内のすべてのテキストをコピーする。たとえば、最上部にはバージョンプラグマヘッダーがある。これは、Solidity言語のどのバージョンでこのコントラクトを記述したかをコンパイラーに指示するものだ。

1. このコントラクトのテキストをコンピューターのクリップボードにコピーする)。

2. コードをブラウザーコンパイラーのメインのテキストボックスに貼り付ける)。すでにボックスにサンプルコードがあれば、まずすべて消去しておく。きれいなコントラクトにするには、そのようなジャンクは不要なのだ。コントラクトは、図5-11のようになる。

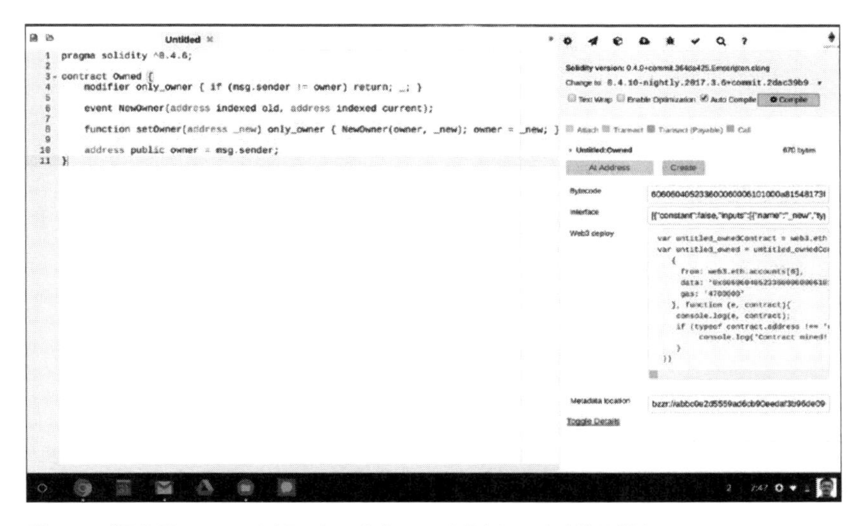

図5-11:ブラウザーのコンパイラーウィンドウにコントラクトコードを貼り付ける。

3. [Compile(コンパイル)]ボタンをクリックして、コントラクトをコンパイルする。バイトコードフィールドに表示されるバイトコードを選択して、クリップボードにコピーする。
4. Mistブラウザーに戻る。
5. トークンコントラクトからコントラクトデプロイプロセスを繰り返す。Mistウォレットで、右上の[Contracts(コントラクト)]タブに移動し、[Deploy New Contract(新しいコントラクトをデプロイする)]をクリックする。[Contract Bytecode(コントラクトバイトコード)]ボックスに新しいバイトコードを貼り付ける。
6. 最下部にスクロールし、[Deploy(デプロイ)]ボタンをクリックする。
7. [Wallets(ウォレット)]タブで、最新のトランザクションまでスクロールダウンする。先ほどデプロイしたコントラクトのアドレスが表示される。
8. トークンのときと同じコントラクト監視フローを完了する。トランザクションフィードから取得したコントラクトアドレスを貼り付け、コントラクトに

Ownedという名前を付ける。今回は、ボックスにJSONコードを追加する。

9. 次に、ブラウザーのSolidityコンパイラーに戻り、その内容をページの[JSON Interface(JSONインターフェース)]セクションにコピーする。これがコントラクトの基本的なフロントエンドとなる。そのベースとなるのは、コンパイラーがSolidityコードから収集できた内容だ。

▶5.8.2 | コントラクトの操作

Mistのインターフェースでコントラクトをデプロイしたので、それをアクティブにすることが可能になっている。EVMでコントラクトを呼び出すために、必ずしもイーサを送信する必要はない。単にコントラクトアドレスにゼロイーサを送信すれば、呼び出すことができる。何とこれで所有者になれるのだ。これがうまくいかない場合は、コントラクトをテストネットにアップロード済みであることと、ゼロイーサトランザクションを送信するのに使用しているMistもテストネット上にあることを確認すること。

Owned contractの場合、アクティブ化は「はい」か「いいえ」かの質問に答えるだけだ。ゼロイーサまたは100で呼び出すことができる。より高度なコントラクトの場合、コール後のコントラクトの動作には送金額が欠かせない。Ownedは、単なる参照コントラクトだが、この先何年にもわたってEVM上に存在する可能性がある。参照コントラクトは、今後何度も参照されることになるきわめて重要なパブリックリソースコントラクトだ。

小さなスマートコントラクトを操作することで、スマートコントラクトを段階的に使用して分散アプリ全体をまとめていく様子がわかる。主に使用されるのは、定型文コードや公開されたインスタンスである。バックエンドプログラマーは状況に合わせて機能をカスタマイズするだけでよく、エラーの余地を減らすことができる。

5.9 まとめ

この章では、2つの独立したスマートコントラクトをデプロイする過程を見てきた。この過程で、EVM用に記述できる最も基本的なアプリケーションであるトークンコントラクトについて学習した。また、owned.solを操作することで、分散プログラムにしかない特性をいくつか見てきた。今や、イーサリアムプロトコルがどれほど強力なもので、ネットワークの能力を生かしたコントラクトのデプロイがどれほど簡単であるかがわかり始めているはずだ。

次章では、EVMのネットワークデータベースがどのようにコンセンサスを形成していくかを詳しく学んでいこう。プルーフ・オブ・ワーク・マイニングと呼ばれるプロセスである。

第6章 イーサのマイニングとコンセンサスのプロセス

マイニングは、トランザクションの順序に関して
一定期間にコンセンサスに達するプロセスである。
イーサリアムネットワークがコンセンサスに達すると、
EVMでは有効な状態遷移が行われる。

EVMの仕組みについては第3章で詳しく学習したが、EVMの機能のある領域(マイニング)については、章を設けて学習することにする。マイニングは重要である。システムでコンセンサスに達するプロセスであり、イーサが作成されるプロセスであるからだ。ビットコインでもマイニングを使用してコンセンサスに達するが、イーサリアムの動作は少し異なる。スマートコントラクトを実行できるのだ。

6.1 ポイントは何か

EVMと同じくらい理想的なもの――誰でも使用できるワールドコンピューターといったもの――を追い求めていても、その利点と欠点をどう評価するかについては、現実的な視点を持つべきだ。今の時点では、このような高度な(複雑な)ネットワークが本当にうまく機能するのだろうかと、とまどっているかもしれない。

この章では、読者に敬遠されがちなシステムについて説明する。ただし、システムの多くがそうであるように、解決すべき問題があるなら、まずはそれを理解することが重要である。解決策は常に同じというわけではない。実際、イーサリアムプロトコル（ビットコインプロトコルも同じ）は時間が経てば調整され、変化していく。しかし、人間社会において信頼の問題は不変である。

また、分散型ネットワークの作成者が実際には暗号の作成者であり、ある目標に関心を持っていることを思い出してほしい。それは、アクセス可能で信頼不要のワールドコンピューターを作り上げることだ。作るよりも破棄するほうがはるかに難しいコンピューターである。ヴィタリック・ブテリン氏の言葉を引用する。

> この21世紀の時代に、暗号化は本当に特別なものだ。意見のぶつかり合いが、擁護者に有利に働き続けている数少ない分野だからである。サイファーパンクの哲学の根底には、この貴重な非対称を利用して、個人の自律性が重んじられる世界を作る、ということがある。クリプトエコノミクスは、それをある程度拡張したものだ。（中略）
> ただし、単にプライベートメッセージの整合性と機密性ではなく、調整と協調という複雑なシステムの安全性と活性を保護する。「サイファーパンク魂」の思想的継承者を自認するシステムは、この基本的な特性を維持するものであり、このようなシステムを破壊したり中止に追い込んだりするのは、システムを使用し保守するよりもはるかに費用がかかる。「サイファーパンク魂」は単なる理想主義ではない。攻撃よりも防御のほうが簡単なシステムを作ること。これは単に健全なエンジニアリングにすぎない。※1

※1　ヴィタリック・ブテリン、「A Proof of Stake Design Philosophy（プルーフ・オブ・ステーク設計哲学）」、https://medium.com/@VitalikButerin/a-proof-of-stake-design-philosophy-506585978d51#.7n3x85gvs、2016。

このことを念頭に置いて、マイニングとイーサ自体の発行について見ていこう。

6.2 イーサの原点

イーサは、イーサリアムのネイティブトークンであると考えられる。コンピューターで実行したマイニング作業への支払いとして、マイニングプロセス中に何もないところから作られるからだ。マイニングには多くのコンピューター処理が必要になるため、家庭やオフィスの電気代がかさむことがある。マイナーが本気で報酬を求めるのも理にかなっている。

マイニング報酬は、アカウント残高を増やすという操作をEVMの状態遷移関数にプログラミングすることで実現する。どのランダムマイナーがブロックを見つけようとも、報酬を支払うことができる（マイニングするためには、マイニング方法を支払い対象のイーサリアムアドレスに渡す必要がある。そうすると、イーサリアムアドレスは誰の残高を増やせばよいかを認識できるようになる）。

まずはいくつか用語を定義することから始めて、さらに詳しく見ていこう。

6.3 マイニングの定義

イーサリアムにおいてマイナーは、膨大なコンピューターのグローバルネットワークである。コンピューターのほとんどは熱狂的信奉者によって家庭やオフィスで運用され、コンピューター上ではイーサリアムノードが実行されている。イーサリアムノードでスマートコントラクトを実行し、世界各地で発生するトランザクションの順序が正しいかどうかを検証する作業に対してイーサトークンが支払われる。マイニングのプロセスは個々のノードによって実施されるが、これはネットワークが集団で作業するということでもある。個々のノードがマイニングし、ネットワーク自体はマイニングによって保護されていると言える。

マイナーは、ブロックと呼ばれるグループ単位でトランザクションを処理する。ブロックは、以前に定義したとおり、理論的には一定期間に発生したトランザクションを正しい順序に並べたものである。ただし、ブロックはそれらのトランザクションが含まれているデータオブジェクトであるとも言える。これらはイーサリアムノードに保存される。ノードは、起動するたびに、オフラインの間に見逃したブロックをダウンロードする必要がある。各ブロックには、前のブロックのメタデータが含まれている。そのブロックが本物であり、既存のブロックチェーン上に構築されたものであることを立証するためのものだ。

トランザクションの「本当」の順序をネットワークが判別するのは難しい。世界各地に散らばるマイニングノードは、新しいトランザクションを順不同で受信する場合がある。実際、順序に誤りがあるブロックのほうが正しい順序のブロックよりも多く存在する。

悪意のあるノードオペレーターが、無料のイーサを自分のアカウントに送らせようとして、いつなんどき自分のマシンから不正なブロックを送信しないとも限らない。

このため、マイニングを正しく定義するなら、履歴の特定のバージョンを正しいものにするべく行われる演算作業となる。マイニングプロセスは、ノードに対する要求をコンピューターで処理することである。プルーフ・オブ・ワーク・アルゴリズム（PoWアルゴリズム）と呼ばれるメモリーを大量に消費するハッシュアルゴリズムを実行するからだ。イーサリアムプロトコルのプルーフ・オブ・ワーク・アルゴリズムはEthash（イーサハッシュ）である。これは、ビットコインで問題になったマイニング集中化に対処するため、コア開発者が作成した機能だ。このアルゴリズムは、イーサリアムのコンセンサスアルゴリズムまたはコンセンサスエンジンと呼ばれることもある。正規のものとして選択されるブロックの背後には、最大量のプルーフ・オブ・ワークがある。これが何を意味するかは、本章の終わりまでには明らかになる。ここでは、重要用語の定義を続けよう。

マイナーがネットワークに費やすことができる計算の量をハッシュパワーと呼ぶ。ハッシュパワーは、個々のコンピューターの要素と仕様を反映したものである。具体的には、グラフィック処理カードの速度と能力と数量、コンピューターシステム全体の電源、壁のコンセントとそれが接続されたブレーカーパネルから十分な電圧を利用できるかどうかである。

適用するハッシュパワーが強ければ、その分だけ早く、マイニングによって生じる暗号証明を完了できる。このため、マイナーが報酬獲得の機会を増やそうとマイニングプールを形成することがよくある。その後、グループ間で分けるというわけだ。

ここまで用語をいくつか定義したので、続いてマイニングがなぜ必要なのかについて説明し、次にイーサリアムがいったいどのように機能するのかを見ていこう。

6.4 どれが本物か

トランザクション履歴にはなぜ、これだけ多くのバージョンがあるのか。再びギャビン・ウッド氏に登場してもらおう。イーサリアムイエローペーパーで的確に述べている。

> システムが分散され、すべての当事者が古い既存のブロック上に新しいブロックを作成する可能性があるため、こうして生成された構造は必然的にブロックのツリーになる。ブロックチェーンと呼ばれるこの

> ツリー構造でルート（起源ブロック）からリーフ（最新のトランザクションが含まれているブロック）に至るパスに関してコンセンサスを形成するためには、何らかの同意方式が必要になる。※2

このツリー構造については、後のセクションで詳しく説明する。今のところは、単に次のことに注意してほしい。どのルートリーフ間パスが本当のブロックチェーンであるかについてノードの同意が得られないと、状態フォークが発生し、通常それは悲惨な結果を招く。EVMが2つのEVMに分割されるのに等しい状態になるということだ。フォークについても、この章の後半で詳しく説明する。

▶6.4.1 ｜採掘難易度、自己規制、報酬獲得競争

マイニングは、携わる人が報酬を得られるように設計されている。ネットワークを保護することに対して支払いが行われるのだ。ITの愛好家と専門家が何千人も自費でこのようなマシンを構築して実行している。この人たちは、いったい何に魅了されているのだろうか。

まず知るべきことは、時間が要因になっているということだ。新しい暗号通貨が導入されると、マイナーがこぞって自分のマシンを稼働させる。導入当初であれば手数料獲得競争がまだ激しくなく、それだけ稼ぎが多くなる。さらによいことがある。有用なクリプトネットワークに属するトークンは通常、存続している間に価格が大きく上昇するのだ。そのため、トークンを早く獲得できれば、評価益を上げる機会が増えることになる。

※2　ギャビン・ウッド、「Ethereum Yellow Paper（イーサリアムイエローペーパー）」、https://github.com/ethereum/yellowpaper、2016。

▶6.4.2 │ 採掘難易度

イーサリアムとビットコインは、自己規制するネットワークである。ネットワークの人気が高まるにつれて、利益を探し求めてより多くのマイニングハッシュパワーが参加するようになり、ブロックがすぐに見つけられるようになる。理想的なブロック時間は15秒であり、その範囲内に収めるために、採掘難易度と呼ばれる動的に自己調整する値が大きくなる。ブロックを見つけるのが早すぎたり、遅すぎたりすると、理想的なブロック時間の範囲内に収まるように、採掘難易度が変更される。

一般に、時が経つにつれて、ネットワーク採掘難易度は大きくなる。ただし、実際の採掘難易度値は変数がいくつか含まれた数式で計算される。マイナーがネットワークから抜け始めたり、ハッシュパワー全体が減少したりした場合には、ネットワーク採掘難易度が小さくなったり、フラットになったりすることがある。※3

2016年の10月と11月に、イーサリアムネットワークが攻撃されたことがある。それを受けてイーサの市場価格が低下し、ハッシュレートが減少した。利益を得ることができないマイナーがマシンをオフにしたからだ。数か月後に攻撃前の値まで上昇し、イーサの価格は回復したと言えるまでになった。

この採掘難易度変数は、ネットワークでマイナーをできる限り早く獲得し、そのままいてもらうためのインセンティブ構造の一部であると考えることができる。ただし、採掘難易度にはEVMで別の用途もある。ブロックのスコアの決定に使用されるいくつかの要因のうちの1つとなるのだ。これは、重みとも呼ばれる。トランザクションデータ構造を通る最大重みの（最もスコアの高い）パスが最長であると言える。つまり、ほとんどのマイナーが本当

※3 Ethereum Community Forum（イーサリアムコミュニティーフォーラム）、「How Is Mining Difficulty Calculated（マイニング採掘難易度の計算方法）」、https://forum.ethereum.org/discussion/5002/how-is-the-mining-difficulty-calculated-on-ethereum、2016。

のルートリーフ間パスであると判断して集まってきたパスである。

NOTE

イーサリアムとビットコインでは、最長（最大重み）のチェーンが正規のものであると考えられる。ネットワークは、ブロックを見つけるたびに、スコアが最も高い最大重みブロックを選択し、それをノミネートしたマイナーに対して支払いを行う。このようにスコアが高くなるのは、ブロックが最大のプルーフ・オブ・ワークでサポートされているためである。

▶6.4.3 ブロック検証に必要な裏付け

各マイナーが構築し、検証しようとする候補ブロックには、必ず次の4つのデータが含まれている。

- **このブロックのトランザクション台帳のハッシュ（このマシンがそのブロックを認識したため）**
- **ブロックチェーン全体のルートハッシュ**
- **チェーン開始以降のブロック番号**
- **このブロックの採掘難易度**

以上のすべてがチェックアウトされると、このブロックがウイニングブロックの候補となる。ただし、この情報が正しくても、マイナーは依然としてプルーフ・オブ・ワーク・アルゴリズムを解決する必要がある。これから見ていくように、このアルゴリズムは基本的にある程度の時間がかかるように設計された推測ゲームである。理想的なブロック時間は15秒だ。

推測が正しければ、この正しい値（ノンス）がブロックを本物で正規で有効なものと見なすための最終条件となる。ノンスは、プルーフ・オブ・ワーク・アルゴリズムを解決した証拠と呼ばれる。第3章で説明したように、有効ではあるが正規のウイニングブロックではないブロックはアンクルブロックと呼ばれる。

▶6.4.4 プルーフ・オブ・ワークによるブロック時間調整の仕組み

プルーフ・オブ・ワーク・アルゴリズムを最適化できる人なら誰でも、有効なブロックをすばやく見つけることができる。そうなると、アンクルは他のブロックよりもますます遅れることになる。ビットコインネットワークでは、ハードウェア企業が何社か集まって、ビットコインPoWアルゴリズムを実行するために専用のハードウェアを構築し、その結果ネットワークで過度に大きなパワーを獲得した。ビットコインでは、このようにマイニング作業を結集すると、高い収益を上げることができる。このような大きなマイナーは、ブロックを見つけるのが速く、すべてのブロック報酬を獲得できるからだ。マシンの動作が遅いと、ブロックを解決するチャンスなど到底得られない。アンクルブロックがウイニングブロックよりも大きく遅れてやってきたとしても無理である。イーサリアムでは、アンクルブロックはウイニングブロックを強化するために必要になる。アンクルがどんどん遅れていくと、ネットワークでは本物のブロックを見つけにくくなる。そこで、有効なアンクルが必要になってくるのだ。

Ethashアルゴリズムの話に移ろう。これは、マイニングハードウェア最適化に対するイーサリアムプロトコルの防御である。Ethashは、Dagger-Hashimotoから派生したものである。Dagger-Hashimotoは、カスタムのアプリケーション専用集積回路（ASIC）で総当たりできないようにしたメモリーハードアルゴリズムである。ビットコインマイニング企業で人気を集めそうなアルゴリズムだ。このメモリーハードアルゴリズムのキーとなるのは、有向非巡回グラフ（DAG）ファイルを利用していることだ。このファイルは、基本的に、125時間（または3万ブロック）ごとに作り直される1GB

のデータセットである。この3万ブロックの期間はエポックとも呼ばれる。

有向非巡回グラフは、各ノードが複数の親を持つことができるツリーの専門用語だ。ルートを含め10個のレベルがあり、最大で計225個の値がある。

6.5 DAGとノンスはどうなっているのか

実際のところ、各ノードは自ら推測ゲームに興じている。現在のブロックを検証するノンスを推測しようとしているのだ。そして、適切なノンスを推測したら、ブロック報酬を獲得する。そうでなければ推測を続行し、これがネットワーク上の別のノードがウイナーを見つけたというワードを得るまで続く。続いて、マイニングしていたブロックを破棄し、新しいブロックをダウンロードし、そのブロックの上にある新しいブロックをマイニングし始める。しかし、ノードは推測ゲームの両方のパラメーターだけでなく、いわば新しい一組のさいころも取得する。これが各候補ブロックの中で転がるわけである。推測ゲームのルールがこのように設計されているのは、クレバーな個々のノードがより多くのマイニング報酬を得ようとしてシステムの裏をかくのを防ぐためだ。

このため、DAGファイルはプルーフ・オブ・ワーク・アルゴリズムの解決時間を標準化する手段であると考えることができる。これでマイナーの競技の場が均一になるが、それにも増して重要なのはいずれのブロック時間も15秒ほどになってくることだ。どんなにコンピューティングパワーが強くても、競争相手よりもずっと早く正しいノンスを推測できないようにしているからだ。

ノードが推測ゲームに参加するために必要なデータは、すべてブロックチェーン自体から導き出される。暗号化では、暗号シードを使用して疑似乱数を生成する。このため、Ethashアルゴリズムがどんな暗号出力を生成しようとも、無作為性が高くなる。イーサリアムとビットコインでは、各ノードは最後に認識したウイニングブロックのハッシュを参照してシードを取得する。このように、ゲームを正しくプレーするためには、ノードは適切な正規のチェーンでマイニングする必要がある。誤ったブロック(アンクルなど)でプルーフ・オブ・ワークを実行すると、ウイニングブロックを生成することはできない。これは、プルーフ・オブ・ワーク方式の不公平な優位性を小さくしようとする場合に有用だ。マイナーが大勢集まって、この不公平な優位性を使用すれば、本物に見せかけたバージョンにネットワークをハイジャックし、全員のイーサをハイジャック犯のアカウントに転送してしまう恐れがある。次に、PoW推測ゲームを実行するようにノードが自らをセットアップするプロセスを示す。

1.ブロックヘッダーから導出された暗号シードを基に、マイニングノードは16MBの疑似乱数キャッシュを作成する。
2.続いて、そのキャッシュを使用してより大きな1GBのデータセットを生成する。ノード間で一貫性が維持されており、これがDAGになる。このデータセットは、時間の経過とともに直線的に大きくなり、すべてのフルノードに保存される。
3.ノンスを推測するには、マシンがDAGデータセットのランダムスライスを取得し、まとめてハッシュする必要がある。これは、ハッシュ関数でソルトを使用するのと同じように機能する。

暗号化では、一方向ハッシュ関数に渡すランダムなデータチャンクをソルトと呼ぶ。ソルトは、ノンスのようなもので、ランダムさが増すため、安全性が向上する。

6.6 すべてはブロック時間を短縮するため

信じてもらえないかもしれないが、こうして元のビットコインパラダイムに変更を加えたのは、すべてブロック時間を短縮するためであった。ブロック時間を３～５秒ほどに縮めるのは、数学的に実現可能である。※4

ビットコインでもイーサリアムでも、ブロック時間はトランザクションを収集するための理想的な期間であると言われている。なぜか。システムは、ブロックが可能な限りこの理想に近づくように機能する。人体が恒常性を保持しようとするのとほぼ同じ方法だ。

ビットコインプロトコルが目標とするブロック時間は10分で、イーサリアムが目標とするブロック時間は15秒である。本物のブロックが見つかると、まもなく他のノードがそのことを認識する。他のノードは、孤児ブロックを破棄し、新しいブロックでマイニングを開始するまで、実際には新しいブロックを構築するのではなく新しいブロックと競争していることになる。このため、孤児ブロックに費やされた作業は無駄になる。次のように考えてほしい。遅延のためにマイナーが新しいブロックの存在を知るのに平均で１分遅れ、新しいブロックが10分ごとに出現する場合、ネットワーク全体でハッシュパワーのほぼ10％を浪費していることになる。ブロック間の時間が長くなれば、この無駄が減少する。何人かのブロックチェーン理論家の考えによると、サトシ・ナカモト氏がこの比率を選択したのはそれが無駄の許容レベルのように思えたからだという。トランザクションを確認するのが早くなるので、イーサリアムのブロック時間は短いほうが望ましいとされるが、イーサリアムプロトコルはその設計上、ブロック時間の短縮によってもたらされる同じ分だけのセキュリティ低下に備える必要がある。これについては、こ

※4 Ethereum Blog（イーサリアムブログ）、「Toward a 12-Second Block Time（ブロック時間12秒に向けて）」、https://blog.ethereum.org/2014/07/11/toward-a-12-second-block-time/、2014。

の章の後半で見ていく。ブロック時間は、証券取引の決済時間に例えることができる。米国では取引日の3日後にあたり、T+3とも呼ばれる。決済時間をT+2に早めるという提案がSECで検討されている。

スマートコントラクトの実行がないビットコインでは、ブロックは理論上平均で10分かかるが、実際にトランザクションがこれをすばやく処理するのは全体のわずか63%ほどである。全体の13%ほどで、トランザクションが確認を受信するまでに20分以上かかっている。この間に、トランザクションを破棄する可能性があり、その確率は最大で全体の20%に上る。※5

このような条件をビットコインの熱狂的信奉者とビジネスが単にわずらわしいものと捉えれば、分散ソフトウェアアプリケーションにパワーを与えるように設計されたスマートコントラクトプラットフォームでそうした条件が受け入れられることはない。そこで、イーサリアムではブロック時間を短縮するためにマイニングに対して若干異なるアプローチを取っている。

▶6.6.1 ブロックの動作を速くする

ブロック時間を短縮する場合、ユーザー体験の観点からはどのような方法が望ましいのかについてはすでに説明した。ただし、その結果、望ましくない影響が生じることもある。

ノードは世界中に存在するため、完全に同期した状態を維持するのは困難である。これは、情報がインターネットをノードからノードへと渡っていくのに時間がかかるからで、遅延とも呼ばれる。人間ならもっとずっと時間がかかるだろうが、これでもトランザクションの記録で衝突が発生するには十分で、そうなると台帳の残高が一致しなくなる。

トランザクションがイーサリアムネットワークやビットコインネットワークに伝

※5 Ethereum Blog(イーサリアムブログ)、「Toward a 12-Second Block Time(ブロック時間12秒に向けて)」、https://blog.ethereum.org/2014/07/11/toward-a-12-second-block-time/、2014。(※4に同じ)

播されるまでの時間は、平均して12秒ほどかかる。実際には、この時間のほとんどはトランザクションをノードにダウンロードするのに費やされる。※6

新しいブロックの存在を知るまでの間、マイナーが引き続き短い時間、古いブロックで作業していることもある。新しいブロックを見つけたら、それを獲得するべく、古いブロックは破棄する。前のセクションで説明しているように、有効なブロックがネットワークの別の場所ですでに見つかった後でマイニング作業を受け取るアンクルは、廃止ブロックまたは絶滅ブロックとも呼ばれる。ブロック時間が短くなると、廃止ブロックになる可能性が高くなる。廃止ブロックがあると、攻撃に対するネットワークの絶対強度が低下する。※7 さらに悪いことに、廃止ブロックの比率が高くなると、マイニングプールの方がソロマイナーよりも効率の面でますます有利になり、一貫してマイニング報酬を獲得できるようになる。これはよく言っても不公平であり、悪く言えばネットワークへの攻撃に費用がかからなくなる。

NOTE

廃止ブロックは、ビットコインでは孤児ブロックと呼ばれることもある。ただ、この用語は混乱を招く。このような廃止ブロックには、その土台となるブロックがない。つまり、子ブロックがないのだが、そのブロックヘッダーは完全に有効である可能性がある。したがって、孤児ブロックなのに実際には「親」ブロックがあるのだ。

※6 Ethereum Blog(イーサリアムブログ)、「Toward a 12-Second Block Time(ブロック時間12秒に向けて)」https://blog.ethereum.org/2014/07/11/toward-a-12-second-block-time/、2014。(※4に同じ)

※7 Ethereum Blog(イーサリアムブログ)、「Toward a 12-Second Block Time(ブロック時間12秒に向けて)」、https://blog.ethereum.org/2014/07/11/toward-a-12-second-block-time/、2014。(※4に同じ)

6.7 イーサリアムでは廃止ブロックをどのように使用するのか

すでに述べたように、イーサリアムの孤児ブロックまたは廃止ブロックにはさらに別の名前があり、アンクルと呼ばれている。アンクルは、ブロックのスコアまたは重み付けに考慮される。イーサリアムプロトコルでこれを行う方法は、GHOSTプロトコルで提案されたブロックチェーンスコアリングシステムに似ている。これは、2013年12月にアビブ・ゾハール氏とヨナタン・ソンポリンスキー氏の論文で示されたものだ。

ヴィタリック・ブテリン氏は、GHOSTの考えをイーサリアム用にどのように調整し、それがビットコインとどのように違うのかを次のように説明する。

> その考えというのは、廃止ブロックが現時点ではチェーンの合計重み付けの一部として考慮されない場合でも、そうしようと思えばできるというものだ。そこで提案されたのが、メインチェーンの一部でなくても廃止ブロックを考慮に入れるブロックチェーンスコアリングシステムだ。このため、メインチェーンの効率が５０％でも５％であっても、攻撃者が５１％攻撃をうまくやろうとすれば、ネットワーク全体の重み付けに対処しなければならない。これにより、理論的には、効率の問題はブロック時間が１秒というところまで解決される。ただし、問題がある。すでに説明したように、プロトコルに廃止ブロックが含まれるのはブロックチェーンでのスコアリングのときだけだ。廃止ブロックにはブロック報酬が割り当てられない。

▶6.7.1 アンクルのルールと報酬

次に、アンクルに関するルールを示す。

イーサリアムに実装したGHOSTでは、ブロックとともに検証されるアンクルは静的ブロック報酬の7/8、つまり4.375イーサを受け取る。※8　1ブロックあたり最大2つのアンクルが許可される。この2つは、早い者勝ちで獲得者が決まる。

アンクルブロックに対しては、トランザクション手数料は回収されず、支払いが行われない。ユーザーが有効なブロックですでに作業していたら、そのユーザーがこれらのコストを支払うからだ。実際にはコマンドを実行することになる。

特に重要なのは、アンクルブロックを報酬に値するものにするには、最後に生成された7個のうちに本物のブロックと共通する祖先がアンクルブロックに必要だということである。

このように実装したGHOSTにより、セキュリティ損失の問題は解決される。プルーフ・オブ・ワークの合計値が最も大きいブロックを求める際の計算にアンクルブロックを含めるのだ。アンクル報酬は、2つ目の問題である「集中化」の解決を目的としている。このために、ウイニングブロックをノミネートしなくても、ネットワークのセキュリティに寄与したマイナーに対して支払いを行うようにしたのだ。

6.8 採掘難易度爆弾

GHOSTプロトコルは、（イーサリアム用に調整している場合でも）批判の対象として取り上げられることもあるテーマだ。その不備は知られているが、一般には無害であると見なされている。GHOST実装を修正することに価値があるとは限らない。今後、イーサリアムプロトコルがプルーフ・オブ・ワークからプルーフ・オブ・ステークと呼ばれるコンセンサスアルゴリズ

※8　GitHub、「Modified Ghost Implementation(Ethereum White Paper)（GHOST実装の変更（イーサリアムホワイトペーパー））」、https://github.com/ethereum/wiki/wiki/White-Paper#modified-ghost-implementation、2016。protocol-flaw/、2016。

ムに移行すれば、GHOST実装は廃止されることになるからだ。[※9]

暗号通貨が市場で価値を持つ理由の1つに、発行が制限されているということがある。今日、1ブロックあたり(つまり、10分ごとに)12.5ビットコインが授与される。このレートは、2020年半ばまで続く。その後は、1ブロックあたり6.25ビットコインになる予定だ。報酬は、このように2110〜40年頃まで4年ごとに半減する。その時点で2100万ビットコインが発行されているはずだ。

イーサリアムの発行を制限するために、プルーフ・オブ・ワーク期間は完全に終了することになる。イーサリアムの効果的なマイニング期間は、ある時点で終わる。そのとき、イーサリアムシステムは姿を変える。プルーフ・オブ・ステーク(PoS)の大きなセールスポイントの1つは、マイニング(およびそれに伴うエネルギー消費)でコンセンサスに達する必要がないということだ。

この移行を推し進め、同時にイーサの発行期間を制限するために、コア開発者は採掘難易度爆弾を構築した。プルーフ・オブ・ワーク・マイニングが最終的に2021年に不可能になる前に、2017年の後半から次第にマイニングしにくくするというものだ。[※10]

この新しいプルーフ・オブ・ステーク・システムの仕組みは、コミュニティー内でかなりの調査と議論をもたらした主要なテーマだ。この領域で行われている調査の詳細を読むには、第11章にスキップしてほしい。

※9 Bitslog、「Uncle Mining: an Ethereum Protocol Flaw(アンクルマイニング:イーサリアムプロトコルの不備)」、https://bitslog.wordpress.com/2016/04/28/uncle-mining-an-ethereum-consensus-protocol-flaw/、2016。

※10 StackOverflow(スタックオーバーフロー)、「When Will the Difficulty Bomb Make Mining Impossible?(いつ採掘難易度爆弾がマイニングを不可能にするか)」、http://ethereum.stackexchange.com/questions/3779/when-will-the-difficulty-bomb-make-mining- impossible/3819#3819、2016。

▶6.8.1 マイナーの獲得報酬支払い構造

ウイニングブロックを獲得したマイナーは、定額支払いと、トランザクション手数料と、獲得に役立ったすべてのアンクルの奨励金の一部を受け取る。このため、イーサリアムプロトコルでの報酬は以下のように決定されると言える。

1.5.0イーサという規定のブロック報酬（ウイニングブロックを見つけたマイナーが対象）
2.ブロック内で消費されたgasの手数料支払い（ウイニングブロックを見つけたマイナーが対象）
3.このブロックのアンクルあたり1/32イーサ（アンクルを見つけたマイナーが対象）

▶6.8.2 祖先に関する制限

プロトコルの規定により、報酬の一部を受け取るためには、ウイニングブロックの7個のブロックのうちにアンクルが存在しなければならないことがある。このようになっているのは、少数のブロックが続いたらブロック履歴を「忘れてもよい」ようにするためである。その数として7個が選択されたのは、マイナーがアンクルを探すのに妥当な時間でありながら、集中化リスクをもたらすほどには長くないからだ。

▶6.8.3 ブロック処理の実況中継

アンクルフードをエスケープし、最も重いブロックになるためには、本物のブロック（ネヒューとも呼ばれる）は各ブロックの処理に使用されている長い一連のステップを通過する必要がある。このプロセスの重要な要素がブロックバリデータアルゴリズムである。このアルゴリズムは、ブロックに付属しているハッシュを検証しようとする。ハッシュはブロックのヘッダーにある。この側面からブロック処理を見ていくと、ブロックの構造をデータオブジェクトとしてうまく捉えることができる。

NOTE

プログラミングの観点からすると、データ構造のヘッダーには、コンピューターがまず読み取るべき不可欠な情報が含まれていることがよくある。ワードプロセッサーの場合と同じく、ヘッダーとは単にテキスト本体の最上部にあるもののことだ。この例えで言えば、テキスト本体がブロックデータ構造となる。

ネットワークの他の部分が完了ブロックを処理して受容し、ノードが新しいブロック上でマイニングを始めるには、まず、どのノードも個別にブロックをダウンロードして検証する必要がある。その後で、ブロック上でマイニングを始めることができる。次に、ブロックバリデーターアルゴリズムが実行するすべてのステップを実行順に示す。

1.前の参照ブロックが存在し、有効かどうかをチェックする。
2.ブロックのタイムスタンプが前の参照ブロックのものよりも大きく、この先15分未満であることをチェックする。
3.ブロック番号、採掘難易度、トランザクションルート、アンクルルートおよびgas制限（さまざまな低レベルのイーサリアム固有の概念）が有効であることをチェックする。
4.ブロック上のノンスが有効で、プルーフ・オブ・ワークの証拠を示していることをチェックする。
5.こうして検証したブロック内のすべてのトランザクションをEVM状態に適用する。エラーがスローされた場合や、合計gasがGASLIMITを超

えた場合は、エラーを返し、状態変更をロールバックする。

6.最終状態変更にブロック報酬を追加する。

7.Merkle(マークル)ツリールート最終状態がブロックヘッダー内の最終状態ルートに等しいことをチェックする。

以上の7つのステップの後にのみ、ブロックが有効であり本物であると認められる。

なぜ、これほどまでにブロックヘッダーが重視されるのだろうか。ブロックチェーンを作成するために、理論的にはブロックヘッダーを作成し、直接あらゆるトランザクションに関するデータを含めることができる。しかし、そうすると、スケーラビリティーの課題が浮上し、ノードを実行するのに非常に強力なハードウェアが必要になる。※11

ビットコインとイーサリアムでは、Merkleツリーと呼ばれるデータ構造を使用して、ヘッダーに各トランザクションを配置しないようにしている。配置すると、サイズが大きくなって扱いにくくなる。イーサリアムは、EVMの状態を表すデータ構造を追加する。これを状態ツリーと呼ぶ。Patriciaツリーと呼ばれる別のツリー構造によって、グローバルな状態がイーサリアムブロックに示される。これらのツリー構造は、次のセクションの主要なテーマになる。

6.9 ブロックとトランザクションの祖先の評価

ブロックヘッダーがどのような内容になっていて、その内容が最も長く最も重いチェーンを決定するうえでなぜ重要なのかを理解するには、一歩下

※11 イーサリアムブログ、「Merkling in Ethereum(イーサリアムでのMerkle)」、https://blog.ethereum.org/2015/11/15/merkling-in-ethereum/、2015。

がって、コンピューターがどのようにデータを格納するのか、そしていったん格納したそのデータをどのように変更していくのかを確認する必要がある。

ツリー構造の役割は何よりもまず、ノードがブロック内のデータ（トランザクション台帳など）を受け取って検証するのを助けることだ。その次の役割は、これを短時間で行って、形状とサイズを問わずすべてのコンピューターがブロックチェーンをすばやく読み込むことができるようにすることだ。

コンピューターサイエンスでは、連想配列（または辞書）とは一連の（キー／値）ペアのことである。第1章のデータオブジェクトのところで説明したキー／値ペアという概念を思い出してほしい。連想配列では、キーと値との関連付けを変更できる。この関連付けをバインディングと呼ぶ。辞書に関連付けられた操作には、以下のものがある。

- **コレクションにキー／値ペアを追加する**
- **コレクションからペアを削除する**
- **既存のペアを変更する**
- **特定のキーに関連付けられた値を検索する**

ハッシュテーブルや検索ツリーやその他の特殊なツリー構造が、辞書問題の解決策としてよく使用される。辞書というのはレコードのデータベースにとって汎用的な用語である。辞書問題を解決する方法としては、キー（ワード）を照会し、その値（定義）を呼び出すというものがある。

6.10 イーサリアムとビットコインでのツリーの使用方法

数学では、ツリーはキーと値の連想配列の格納に使用される順序付きデータ構造である。基数ツリーはツリーの変種で、圧縮されるためメモリーが節約される。通常の基数ツリーでは、キー内の各文字は、データ構造を通って対応する値に到達するまでのパスについて説明したものになる。一連の方向などだ。

Merkleツリーを作成するには、トランザクションデータの多数の「チャンク」をまとめてハッシュする必要がある。これをハッシュがただ1つ、ルートハッシュになるまで続ける。イーサリアムとビットコインでは、Merkleツリー構造は各ブロックのトランザクション台帳を記録するのに使用する。Merkleツリーのルートは、他のメタデータとともにハッシュされて、後続のブロックのヘッダーに含められる。このため、追加の各トランザクション（各ブロック内にある）はMerkleルートを不可逆的に変更すると言える。つまり、誤ったトランザクションが1つでもあれば、ルートハッシュはまったく異なるものになり、そのため誤りであることがはっきりとわかる。このようにして、ブロックはブロックバリデータアルゴリズムに対して自身の正規の祖先を証明できる。これは、ブロック処理ルーチン全体の一部である。

ビットコインクライアントにとって、単一のトランザクションのステータスを判別するのは、メインチェーンの最新のブロックのヘッダーを参照するのと同じくらい簡単である。そこでクライアントはMerkle証明を見つけるはずだ。この証明には、ブロックのルートハッシュにトランザクションが含まれていて、そのトランザクションはMerkleツリーのいずれかにあることが示されている。Merkleルートは、そのブロックまでにブロックチェーンで発生したすべてのトランザクションの指紋だ（トランザクションは正しく順序付けられている）。

▶6.10.1 | Merkle Patriciaツリー

ブロックヘッダーのおかげで、ノードがブロックデータを探し、読み込み、検証するのは迅速かつ簡単である。ビットコインでは、ブロックヘッダーは80バイトのデータチャンクであり、Merkleルートの他に次の5つのものが含まれている。

●前のブロックヘッダーのハッシュ

●タイムスタンプ

●マイニング採掘難易度値

●プルーフ・オブ・ワーク・ノンス

●そのブロックのトランザクションが含まれているMerkleツリーのルートハッシュ

Merkleツリーは、トランザクション台帳を保存するのに最適であるが、ただそれだけである。EVMの観点から見た場合、Merkleツリーの1つの制限は、トランザクションがルートハッシュに含まれていることを証明することも、それに反証することもできるが、ネットワークの現在の状態(特定のユーザーがアカウントを保持しているかなど)を証明したり照会したりすることはできないということだ。

▶6.10.2 | イーサリアムブロックヘッダーの内容

この欠点を修正し、EVMがステートフルコントラクトを実行できるようにするために、イーサリアムのすべてのブロックヘッダーには1つのMerkle(トランザクション)ツリーだけでなく、次の3種類のオブジェクト用に3つのツリーが含まれている。

●トランザクションツリー

●証書ツリー(各トランザクションの結果を示すデータ)

●状態ツリー

※12 イーサリアムWiki、「Merkle Patricia Tree Specification(Merkle Patriciaツリーの仕様)」、https://github.com/ethereum/wiki/wiki/Patricia-Tree#merkle-patricia-tree-specification、2016。

これを可能にするために、イーサリアムプロトコルはMerkleツリーを前述した他のツリー構造、つまりPatriciaツリーと結合する。このツリー構造は完全に決定性がある。2つのPatriciaツリーの（キー／値）バインディングが同じであれば、ルートハッシュは常に同じになるので、挿入や検索や削除などよく使用されるデータベース操作の効率が高まる。※12 このため、イーサリアムクライアントはネットワークに対してどのような種類の照会を行っても検証可能な応答を得ることができる。たとえば、次のような照会だ。

- **トランザクションXはブロックに含まれているか（トランザクションツリーによって処理されている）**
- **過去30日間のイベントYの開催実例をすべて通知する（証書ツリーによって処理されている）**
- **コントラクトアカウントZの現在の残高はどうなっているか（状態ツリーによって処理されている）**

これらのツリー構造の仕組みと選択理由の詳細については、次のURLをチェックしてほしい。

http://trees.eth.guide

6.11 フォーク

この章の前半で説明したように、マイナーのネットワークは最も長く最も重いチェーンに同意できない場合には2つに分かれることがある。フォークは、暗号通貨コミュニティーに騒ぎを巻き起こす。マシンネットワークのコンセンサスが失われるだけでなく、人のコミュニティーが分断されているかのようだ。

実際には、初期のフォークはいつでも起こっている。1つのブランチが消滅することもあれば、両方が消滅することもあり、また1つが存続してウイニングネヒューブロックを伝播することもある。2つの有効なブロックが同じ親を指しているのに、一部のマイナーが一方を見て、残りのマイナーが他方を見ると、フォークが発生する。これで2つのバージョンの「本物」が問題なく作成される。こうなると、この2つのグループが同じネットワーク上にいるとは言えなくなる。

NOTE

状態フォークは、プロトコルフォークよりもはるかに大きな取引だ。プロトコルフォークでは、データが変更されることはないが、コミュニティーが合意した仕様変更に合わせてマイナーが自身のノードでパラメーターを調整したり、コードを更新したりすることがある。これが全体の改善となる。このため、プロトコルフォークは自発的と言えるが、状態フォークは必ずしもそうとは言えない。

イーサリアムでは、このように絶え間なく発生しうるフォークを、数学的な確実性を考慮して4つのブロック内で解決する。あるチェーンはウイナーを見つけ、長さを伸ばしていき、他のノードを自身に「引き寄せ」始める。その際に、適切なブロックを見つけて実行することに対してマイナー手数料を支払うだけでなく、アンクルブロック報酬を回収することに対するインセンティブも追加する。

ノードが、1～3個のブロックに対する報酬をすでに受け取った後で「適切な」チェーンを見つけることもある。そのノードがより優れ、より長く、より報酬を獲得できるチェーンにジャンプすると、そのマイニング報酬が消えてしまうことがある。ただし、これはすべて4つのブロック内、つまり1分以内に起きる。そのため、このような小さな誤値は一大事とは見なされない。

意図的なフォークは通常、攻撃者が資金の二重支払いを狙ってデプロイする。1つの残高を多くのアカウントに同時に送信して、何もないところからお金を作りだそうというわけだ。

実際、ハッシュパワーが50%を超える人なら誰でも、いわば「敵対する」意図的なフォークを生み出すことができる。二重支払い攻撃では、攻撃者は一団のマイナーを操作し、大量のハッシュパワーを得て、製品を購入するためにイーサトランザクションを送信する。製品を手に入れると、攻撃者は2つ目のトランザクションを誤りのあるブロックにまとめる。この2つ目のトランザクションは、同じ資金を攻撃者に戻そうとするものだ。次に、攻撃者は元のトランザクションが含まれていたブロックと同じレベルでブロックを作成するが、代わりに2つ目のトランザクションを含めて、可能性のあるすべてのハッシュパワーをフォークでのマイニングに投入する。万一攻撃者のハッシュパワーが50%を超えれば、最終的にはどのブロック深度でも、二重支払いが成功することになる。50%を下回れば、成功する確率は格段に小さくなる。それでも、この攻撃は恐れてしかるべきものだ。実際、イーサを使用するほとんどの交換所とその他の機関ではいくつかの確認を経た後に転送が完了したと見なすほどだ。

6.12 マイニングのチュートリアル

マイニングは、Gethを試すのに格好の口実である。Gethは学習にぴったりの優れたツールであり、インストールが実に簡単なので、このセクションではmacOS、Windows、Ubuntu別にインストール手順を示す。

```
tZb
```

NOTE

ここでインストールを終えたら、以後の演習では*nix環境で作業しているものとする。つまり、macOSまたはUbuntu 14.04(trusty)でターミナルアプリケーションを実行していると想定している。Gethに関するドキュメントとチュートリアルへのリンク、およびすべてのプラットフォームのすべてのイーサリアムクライアントの手順については、次のURLにアクセスしてほしい。
http://clients.eth.guide/
なお、Ubuntu 14.04は2019年4月にサポートが終了するが、ここで説明した手順はUbuntu 16.04やUbuntu 18.04でもだいたい同じように利用できる。

▶6.12.1 | macOSでのGethのインストール

まず、Macで［アプリケーション］フォルダーにあるターミナルを開く。次に、コマンドラインに以下を入力する。

```
brew update brew upgrade
```

更新が完了し、コマンドラインに戻ったら、以下を入力する。

```
brew tap ethereum/ethereum brew install ethereum
```

▶6.12.2 | WindowsでのGethのインストール

最新の安定版のバイナリをダウンロードする。zipからgeth.exeを解凍し、コマンドプロンプトを開き、以下を入力する。

```
chdir <path to extracted binary> open geth.exe
```

▶6.12.3 | コマンドラインでの快適な操作

UbuntuにGethをインストールした後（この後説明）、そのままいくつかの演習に進むが、これらの演習ではmacOSまたはUbuntuターミナルアプリケーションを使用していることを想定している。WindowsのGethコマンドについてはここで説明しないが、先述したURLにある。

以下のガイドは、コマンドラインを初めて使用する人を対象としている。初めて使用する場合、すぐに気づくことがいくつかある。

macOSとUbuntuで［アプリケーション］フォルダーにあるターミナルアプリケーションを初めて開くと、カーソルが点滅する。これは、コンピューターが命令を受け取る準備ができたことを示す。

NOTE

このインターフェースでは、コンピューターは1つのことしか考えられない。コマンドを入力すると、完了するまでに数秒かかることがある。その間、テキストが画面上をすばやく流れていくが、あわてないこと。これは通常の動作だ。gethやコマンドラインを試したところで、コンピューターが中断することはない。

▶6.12.4 | Ubuntu 14.04でのGethのインストール

UbuntuでGethをインストールするには、まずターミナルを開き、以下を入力して、Enterを押す。

```
sudo apt-get install software-properties-common
```

このインストールでは、ハードウェア構成によっては注意したい点が1つある。Ubuntuユーザーがフォントライブラリーをインストールする必要があり、そうしないとGethインストールがエラーを吐くということだ。このライブラリーは、下記にある。

https://community.linuxmint.com/software/view/ttf-ancient-fonts

または

http://clients.eth.guide

エラーの例を図6-1に示す。

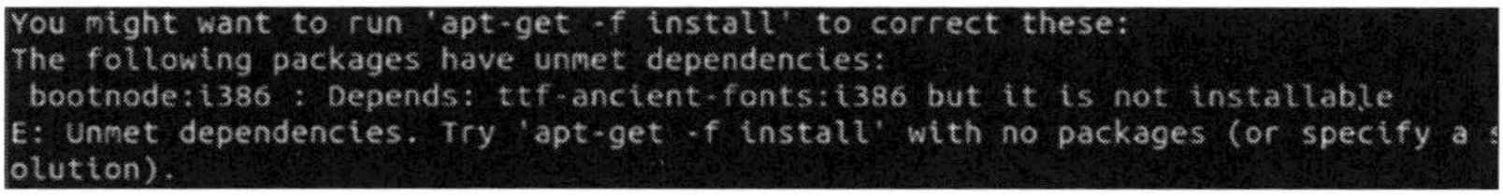

```
You might want to run 'apt-get -f install' to correct these:
The following packages have unmet dependencies:
 bootnode:i386 : Depends: ttf-ancient-fonts:i386 but it is not installable
E: Unmet dependencies. Try 'apt-get -f install' with no packages (or specify a s
olution).
```

図6-1:Ubuntuユーザーはこのエラーを受け取ることがある

単にこのフォントパッケージをインストールすればよい。円滑に処理が進むはずだ。次に、以下を入力する。

```
sudo add-apt-repository -y ppa:ethereum/ethereum
```

パスワードを入力するように求められる。パスワードは画面に表示されない場合がある。何も入力されていないように見えても、気にすることなく、Enterを押す。図6-2のような結果になるはずだ。

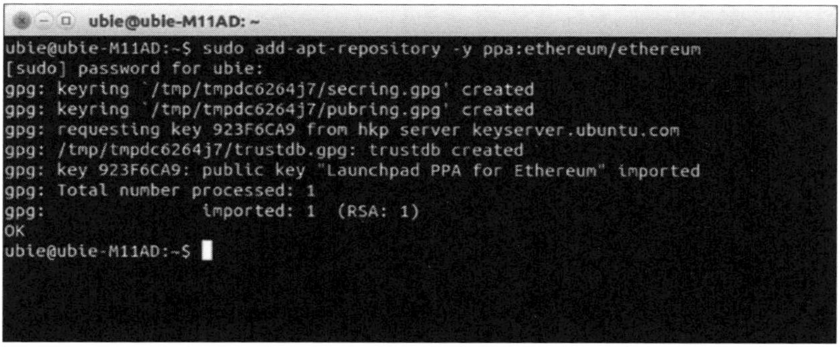

```
ubie@ubie-M11AD: ~
ubie@ubie-M11AD:~$ sudo add-apt-repository -y ppa:ethereum/ethereum
[sudo] password for ubie:
gpg: keyring `/tmp/tmpdc6264j7/secring.gpg' created
gpg: keyring `/tmp/tmpdc6264j7/pubring.gpg' created
gpg: requesting key 923F6CA9 from hkp server keyserver.ubuntu.com
gpg: /tmp/tmpdc6264j7/trustdb.gpg: trustdb created
gpg: key 923F6CA9: public key "Launchpad PPA for Ethereum" imported
gpg: Total number processed: 1
gpg:               imported: 1  (RSA: 1)
OK
ubie@ubie-M11AD:~$
```

図6-2:パスワードを入力してインストールを完了すると、このような結果になる

ターミナルコマンドの前にsudoを置いて、rootユーザーとしてコマンドを実行する。rootユーザーは、すべてのファイルとコマンドにアクセスできる、Unixアーキテクチャーで最も強力なユーザーだ。次に、プロンプトで以下を入力し、Enterを押す。

```
sudo apt-get update
```


続いて、以下を入力し、Enterを押す。

```
sudo apt-get install ethereum
```

コンピューターの管理者パスワードを入力する。大抵は、コンピューターの起動後にログインする際に使用したパスワードだ。インストール用にハードドライブ領域を確保するかどうかを求められたら、Y（はい）を入力し、Enterを押す。

次に、Gethを実行しよう。インストールが完了したら、以下のようにコマンドプロンプトでその名前を入力して、Gethを起動できる。

```
geth
```

図6-3のように、コードが画面上をすばやく流れていく。

```
I1110 13:05:52.118503 ethdb/database.go:83] Alloted 16MB cache and 16 file handl
es to /home/ubie/.ethereum/dapp
I1110 13:05:52.463738 eth/backend.go:172] Protocol Versions: [63 62], Network Id
: 1
I1110 13:05:52.466176 eth/backend.go:201] Blockchain DB Version: 3
I1110 13:05:52.706356 core/blockchain.go:214] Last header: #1747389 [e5268893…]
TD=29652985702758834150
I1110 13:05:52.706385 core/blockchain.go:215] Last block: #1747389 [e5268893…] T
D=29652985702758834150
I1110 13:05:52.706396 core/blockchain.go:216] Fast block: #1747389 [e5268893…] T
D=29652985702758834150
I1110 13:05:52.776676 p2p/server.go:313] Starting Server
I1110 13:05:52.782759 p2p/nat/nat.go:111] mapped network port udp:30303 -> 30303
 (ethereum discovery) using NAT-PMP(192.168.1.1)
I1110 13:05:53.095713 p2p/discover/udp.go:217] Listening, enode://a7cca350a5b279
c131b80d2673d336dce1e46749a00cecd0b87550bc7f45222b46e1352d41da878c79780c0a54e3e0
c56dc6c6b60c9cf82155c7a57c0476f084@66.65.50.108:30303
I1110 13:05:53.096596 node/node.go:296] IPC endpoint opened: /home/ubie/.ethereu
m/geth.ipc
I1110 13:05:53.096706 p2p/server.go:556] Listening on [::]:30303
I1110 13:05:53.102656 p2p/nat/nat.go:111] mapped network port tcp:30303 -> 30303
 (ethereum p2p) using NAT-PMP(192.168.1.1)
I1110 13:05:56.250622 eth/downloader/downloader.go:319] Block synchronisation st
arted
I1110 13:06:00.969563 core/blockchain.go:1001] imported 1 block(s) (0 queued 0 i
gnored) including 0 txs in 2.760345141s. #1747390 [de9c4dce / de9c4dce]
I1110 13:06:06.740200 core/blockchain.go:1001] imported 3 block(s) (0 queued 0 i
gnored) including 9 txs in 5.770474253s. #1747393 [f75204e1 / f499207c]
```

図6-3:Gethが同期している

これは、止めなければ永久に続く。Control+Cを押して同期を停止し、同じ古いコマンドラインプロンプトに戻る。これでGethが終了する。

さて、ここでは何が起きているのだろうか。Gethはマイニングするのではなく、過去のブロックをダウンロードして自身をブロックチェーンと同期する。なぜこれを行うかというと、アカウントの最新の残高を示し、トランザクションをすばやく送受信するためだ。Mistと同じである。実際、Mistもこの同期を行う。覚えているだろうか。図6-4のようになる。

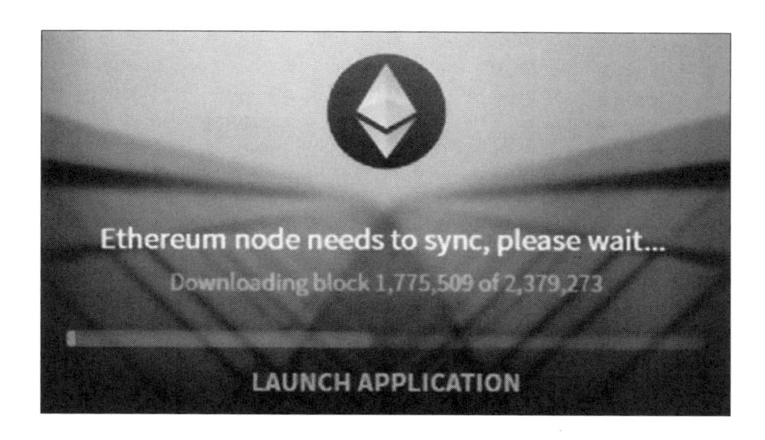

図6-4:Gethが同期すると、ここに示したMistウォレットの場合と同じ操作が実行される。

ただし、Gethは実に低機能で、一度に1つのことしかできない。それが同期だ。ここからEVMコードを実行することはできない。どうにか制御するには、Gethの組み込みのJavaScriptコンソールを利用する必要がある。これにより、コンピューター上のターミナルを介してEVMで直接コマンドを実行できる。これは実に魅力的ではないだろうか。

6.13 Gethコンソールによる EVM コマンドの実行

ターミナルでGethコマンドを使用して、イーサリアムネットワークで不可欠な機能の多くを実行できる。Gethコマンドの式は次のとおりである。

```
geth [options] command [command options] [arguments...]
```

また、コマンド、オプション、引数が漏れなく記載されたリストについては、次のURLで確認できる。

https://github.com/ethereum/go-ethereum/wiki/Command-

Line-Options

ただし、イーサリアムネットワークが約束する最終的な未来は真の分散アプリである。ここではGethで開くことができるコンソールを介してイーサリアムJavaScript APIを使用する方法に焦点を当てる。

このコンソールは、実際にはGeth内で動作するJSRE（JavaScript Runtime Environment）だ。イーサリアムのJSREは、Web3.jsという完全なJavaScript dapp APIを公開している。これについては、第8章で詳しく取り上げる。JSREは、アクティブに（コンソールで）使用することも、非対話形式で（スクリプトを作成して）使用することもできる。

Gethがサポートするのはdapp APIだけではない。イーサリアムノードをリモートから管理するための管理APIも数多くサポートしている。一例がパーソナルAPIと管理者APIだ。これらは、ファイルシステムにアクセスし、コマンドを実行し、リモートからノードを監視する方法を公開している。これらのAPIは、dapp APIに使用されているのと同じ表記規則に従う。管理APIの詳細は次のURLで確認できる。

https://github.com/ethereum/go-ethereum/wiki/JavaScript-Console#management-apis

NOTE

GethとMistを同時に実行すると、エラーが発生する。ノードは、マシンあたり1つのネットワークデーモンのみを実行できる。

Gethを再起動するには、コンソールで以下を入力する。

```
geth console
```

すでにMistを実行し同期していた場合は、以下のコマンドでGethを起動して、Mistのノードを使用して接続するようにGethに指示できる。このようにすると、マシンがすでにブロックチェーンのほとんどをローカルに保存している場合には、Gethが何度も繰り返し同期するのを待つ必要がなくなる。

```
geth attach
```


コンソールを呼び出し、次々とアタッチできる。これがなぜ有用なのかというと、完全に同期されたMistクライアントを実行している場合には、GethですぐにJavaScriptコンソールを使い始めることができるからである。これは今のところあまり重要ではないが、過去にGethで実際のトランザクションをパブリックブロックチェーンに送受信していた場合には、必要に応じて同期を待機しないと、残高照会が正しく返されないことがある。

以下では、コンソールでJavaScript APIコールをいくつか使用する。これらのコールの詳細なガイドは、下記に用意している。

https://github.com/ethereum/go-ethereum/wiki/JavaScript-Console

次に、JavaScriptメソッドをいくつか対話形式でコールして、アカウントと残高を操作する方法を学習する。JSREを非対話形式で使用する方法を詳しく学習するには、ここにアクセスしてほしい。

https://github.com/ethereum/go-ethereum/wiki/JavaScript-Console#non-interactive-use-jsre-script-mode

NOTE

これらのgethコマンドは、メインネットワークに接続する。テストネットでは仮のイーサを使用してテストできるのに対し、メインネットワークでは交換所でイーサを購入する必要があることを思い出してほしい。近頃はイーサをマイニングしてもそう簡単にはイーサを入手できないが、とにかく面白半分に試してみよう。

Gethクライアントは、コンソールが有効になっている状態で動作しているので、コマンドプロンプトを利用できるはずだ。早速、JavaScript APIコールを使用してアカウントを作成してみよう。頭の中で、パスワードを選択する。コンソールで、以下を入力し、Enterを押す。

```
personal.newAccount("your_new_account_password_here")
```

引用符で囲まれたテキストを選択したパスワードに置き換えること。プライマリーアカウントは、デフォルトではアカウント0である。図6-5に示すように、パブリックキーが返される。

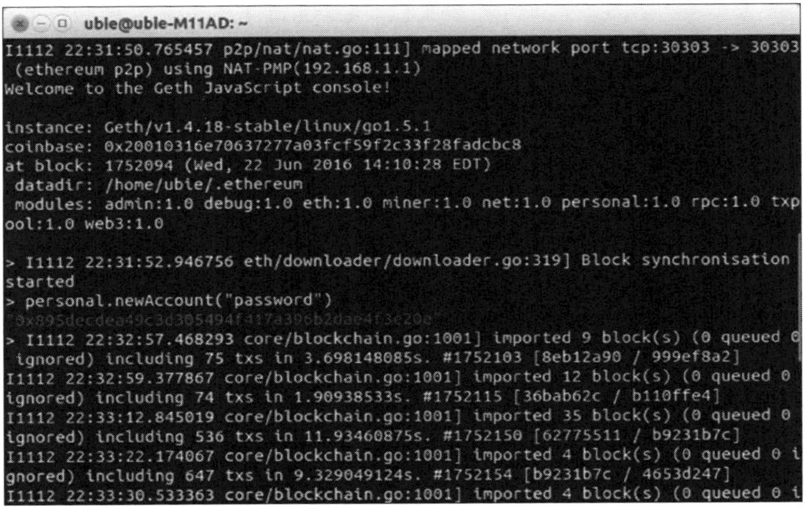

```
ubie@ubie-M11AD: ~
I1112 22:31:50.765457 p2p/nat/nat.go:111] mapped network port tcp:30303 -> 30303
 (ethereum p2p) using NAT-PMP(192.168.1.1)
Welcome to the Geth JavaScript console!

instance: Geth/v1.4.18-stable/linux/go1.5.1
coinbase: 0x20010316e70637277a03fcf59f2c33f28fadcbc8
at block: 1752094 (Wed, 22 Jun 2016 14:10:28 EDT)
 datadir: /home/ubie/.ethereum
 modules: admin:1.0 debug:1.0 eth:1.0 miner:1.0 net:1.0 personal:1.0 rpc:1.0 txp
ool:1.0 web3:1.0

> I1112 22:31:52.946756 eth/downloader/downloader.go:319] Block synchronisation
started
> personal.newAccount("password")
"0x895decdea49c3d305494f417a396b2dae4f3e20e"
> I1112 22:32:57.468293 core/blockchain.go:1001] imported 9 block(s) (0 queued 0
 ignored) including 75 txs in 3.698148085s. #1752103 [8eb12a90 / 999ef8a2]
I1112 22:32:59.377867 core/blockchain.go:1001] imported 12 block(s) (0 queued 0
ignored) including 74 txs in 1.90938533s. #1752115 [36bab62c / b110ffe4]
I1112 22:33:12.845019 core/blockchain.go:1001] imported 35 block(s) (0 queued 0
ignored) including 536 txs in 11.93460875s. #1752150 [62775511 / b9231b7c]
I1112 22:33:22.174067 core/blockchain.go:1001] imported 4 block(s) (0 queued 0 i
gnored) including 647 txs in 9.329049124s. #1752154 [b9231b7c / 4653d247]
I1112 22:33:30.533363 core/blockchain.go:1001] imported 4 block(s) (0 queued 0 i
```

図6-5:JavaScriptコンソールで新しいアカウントを作成するだ。新しいパブリックキーが表示される。パスワードを忘れないようにすること。

以下を入力して、コンソールですべてのアカウントを確認できる。

```
personal.listAccounts
```

もちろん、残高はゼロに戻る。しかし、何も問題はない。この新しいアカウントのプライベートキーは、作成した他のプライベートキーとともに、第2章で見たのとまったく同じディレクトリに保存される。ここで何か追加した値があれば、残りのプライベートキーをバックアップするときに一緒にバックアップされる。そのプロセスをレビューするには、以下に移動してほしい。

```
http://backup.eth.guide
```

このセクションの始めに、Geth JSREをイーサリアムJavaScript APIへのゲートウェイであると説明したことを思い出してほしい。このAPIは、Web3.jsライブラリーの一部である。コマンドの多くを利用するには、これをマシンにインストールする必要がある。これは、Node Package Manager(npm)モジュールやMeteor.jsパッケージやその他の形式で利用できる。このライブラリーは、ここで学習できる。

https://github.com/ethereum/web3.js/

JavaScript Dapp APIコールの詳細なリストについては、次のURLででイーサリアムJavaScript APIを参照してほしい。

https://github.com/ethereum/wiki/wiki/JavaScript-API

すでにJavaScriptスキルを身に付けた開発者であれば、第4章で説明したグローバルな変数と関数を使用してSolidityスクリプトを記述するよりも、GethのJSコンソールのほうが直感的に操作できるはずだ。

web3オブジェクトを使用すると、JavaScript開発者に馴染みのある各種メソッドにアクセスできる。ある程度時間をかけてコンソールwikiを調べてみてほしい。Gethで実行するアクションを自動化するために、どのような種類のスクリプトをマシン上でローカルに実行できるかがわかる。次に、テストネット上でGethを操作する方法を学習する。そして最後に、メインネットワーク上でマイナーを起動し、さらにはブロックをマイニングして自分のカスタム署名を入れてみる。

6.14 フラグによるGethの起動

Gethコマンドラインで操作を行う際によく使用される方法にはもう1つ、特定のフラグを指定してGethを起動するというものがある。オプションとその対応するフラグが漏れなく記載されたリストが、ここにに用意されている。

https://github.com/ethereum/go-ethereum/wiki/Command-Line-Options

テストネットでGethを起動するには、以下を入力する。

```
geth --testnet
```

図6-6に示した画面のようなテキストが出力される。ただし、このマイニングはテストネットで行われている。Control+Cを押して出力を停止する。

```
ubie@ubie-M11AD: ~
I1112 21:59:01.211092 core/blockchain.go:216] Fast block: #1840762 [061c88f3…] TD=400999452729270
I1112 21:59:01.213422 p2p/server.go:313] Starting Server
I1112 21:59:01.220354 p2p/nat/nat.go:111] mapped network port udp:30303 -> 30303 (ethereum discovery) using NAT-PMP(192.168.1.1)
I1112 21:59:01.240635 p2p/discover/udp.go:217] Listening, enode://6d82ab2152ed2a072fceaab82d000a51cdde18046b049961673f4e97c1d81ca2d25fc87ba84b0a44d46ced172b167e2ea0d5549026db546cf475c66d987429df@66.65.50.108:30303
I1112 21:59:01.242361 p2p/server.go:556] Listening on [::]:30303
I1112 21:59:01.243053 node/node.go:296] IPC endpoint opened: /home/ubie/.ethereum/testnet/geth.ipc
I1112 21:59:01.248442 p2p/nat/nat.go:111] mapped network port tcp:30303 -> 30303 (ethereum p2p) using NAT-PMP(192.168.1.1)
^CI1112 21:59:03.081600 cmd/utils/cmd.go:81] Got interrupt, shutting down...
I1112 21:59:03.081775 node/node.go:328] IPC endpoint closed: /home/ubie/.ethereum/testnet/geth.ipc
I1112 21:59:03.081814 core/blockchain.go:578] Chain manager stopped
I1112 21:59:03.081828 eth/handler.go:225] Stopping ethereum protocol handler...
I1112 21:59:03.081862 eth/handler.go:246] Ethereum protocol handler stopped
I1112 21:59:03.081964 core/tx_pool.go:172] Transaction pool stopped
I1112 21:59:03.082018 eth/backend.go:500] Automatic pregeneration of ethash DAG OFF (ethash dir: /home/ubie/.ethash)
I1112 21:59:03.082286 ethdb/database.go:176] closed db:/home/ubie/.ethereum/testnet/chaindata
```

図6-6:テストネットからの出力

CLIオプションにすばやくアクセスできるように、この短いリンクは次のURLにも用意されている。

http://cli.eth.guide

本書を執筆している時点で、ネットワーク採掘難易度はかなり高く、単独のマイナーがブロックを見つけるには非常に長い時間がかかる可能性がある。それでも、次のセクションではとにかく新しいウォレットアドレスでマイニングを開始する。ネットワークを保護するマイナーの経験を理解するためだ。

6.15 マイナーの始動

Gethは、自動的にはマイニングを開始しない。マイニングを開始または停止するためのコマンドを与えよう。ここでの例では、マシンのCPUでマイニングしている。GPUでマイニングする方が効率的だが若干複雑さが増し、専門的なマイニングリグに適している。これらについては、この章の後半で説明する。

メインネットワークでマイニングを開始するには、新しいターミナルウィンドウを開き、以下を入力してJavaScriptコンソールに入る。

```
geth console
```

ノードが同期し始めるが、Gethがいわばバックグラウンドで動作するため、すぐにコマンドラインプロンプトが返され、コマンドを入力できる。

NOTE

コンソールでは、マイニングまたは同期による出力テキストが表示されて、コマンドが上書きされても心配はいらない。ただそのように表示されるだけだ。コンソールでEnterを押すと、コマンドは正常に実行される。数行に分かれているように見えても問題ない。

支払いを受けるためには、マイニング支払いを受け取るためのイーサリアムアドレスをノードに通知する必要がある。なお、EVMはグローバルな仮想マシンであるため、入力したイーサリアムアドレスまたはパブリックキーがローカルコンピューターですでに作成されているか、現在ローカルコンピューターに関連付けられているかを気にする必要はない。EVMにとっては、あらゆるものがローカルである。

イーサベースを支払い対象の受信者アドレスとして設定するには、コンソールで以下のコマンドを入力する。

```
miner.setEtherbase(eth.accounts[your_address_number_here])
```

最終的にマイニングを開始するには、以下を入力する。

```
miner.start()
```


無事完了。これでマイナーが開始される。チャンスは少ないがブロックを見つけたら、先ほど設定したアドレスで支払いを受けることになる。何日何週間かかっても驚いてはいけない。図6-7に示すように、ノードがDAGファイルを生成し、マイニングプロセスを開始する。なぜイーサではマイニングですぐにお金を稼ぐことができないのか。これは、これから見ていくように、ハードウェアと大いに関係している。

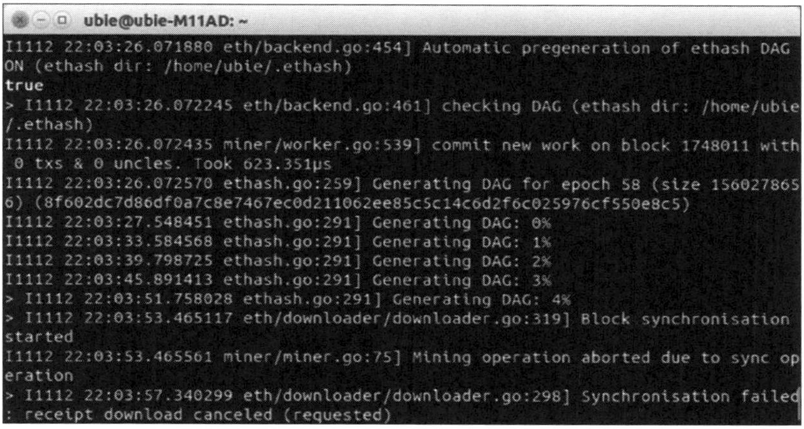

```
ubie@ubie-M11AD: ~
I1112 22:03:26.071880 eth/backend.go:454] Automatic pregeneration of ethash DAG
ON (ethash dir: /home/ubie/.ethash)
true
> I1112 22:03:26.072245 eth/backend.go:461] checking DAG (ethash dir: /home/ubie
/.ethash)
I1112 22:03:26.072435 miner/worker.go:539] commit new work on block 1748011 with
 0 txs & 0 uncles. Took 623.351µs
I1112 22:03:26.072570 ethash.go:259] Generating DAG for epoch 58 (size 156027865
6) (8f602dc7d86df0a7c8e7467ec0d211062ee85c5c14c6d2f6c025976cf550e8c5)
I1112 22:03:27.548451 ethash.go:291] Generating DAG: 0%
I1112 22:03:33.584568 ethash.go:291] Generating DAG: 1%
I1112 22:03:39.798725 ethash.go:291] Generating DAG: 2%
I1112 22:03:45.891413 ethash.go:291] Generating DAG: 3%
> I1112 22:03:51.758028 ethash.go:291] Generating DAG: 4%
> I1112 22:03:53.465117 eth/downloader/downloader.go:319] Block synchronisation
started
I1112 22:03:53.465561 miner/miner.go:75] Mining operation aborted due to sync op
eration
> I1112 22:03:57.340299 eth/downloader/downloader.go:298] Synchronisation failed
: receipt download canceled (requested)
```

図6-7:マイナーはマイニングする準備ができている

このプロセスを停止するには、以下を入力する。

```
miner.stop()
```

次に、マイニングするブロックにパーソナルタグを付ける。特に理由はない。

▶6.15.1 | 演習：ブロックチェーンに名前を付ける

JavaScriptコンソールを使用して、さらにデータを追加できる。総計32バイトで、プレーンテキストを記述したり、他の第三者が読む暗号テキストを入力したりするのに十分な大きさだ。

コンソールでは、マイナーを停止する必要がある。以下のJavaScriptコマンドを入力し、名前またはメッセージを引用符で囲んで指定する。

```
miner.setExtra("My_message_here")
```

次に、以下を入力する。

```
miner.start()
```

コンソールは、trueを返し、マイニングを開始する。ブロックが見つかると、自分の署名でマークされる。これは、イーサチェーンなどのブロックチェーンエクスプローラーで確認できる。

▶6.15.2 | 演習：残高を確認する

前のセクションで説明しているようにWeb3.jsライブラリーをインストールして、イーサリアムJavaScript APIコールをいくつか実際に試してみよう。

残高のチェック、トランザクションの送信、アカウントの作成など、各種の数学関数とブロックチェーン関連の関数がある。たとえば、イーサベースプライベートキーがマシン上に保持されているなら、コンソールに以下を入力して残高を照会できる。

```
eth.getBalance(eth.coinbase).toNumber();
```


ここまでで、マイニングがどのように機能するかを理解できたのではないだろうか。何が起きるのか、自分の目で見てきた。実際、マイニングがどのように状態遷移を経てコントラクトを実行するのかを理解するための最も効果的な方法は、テストネットで作業してみることだ。

6.16 テストネットでのマイニング

マイニングに関して最後に1つ簡単な注意事項を述べる。第5章で説明したように、Mistウォレットはテストネットではマイニングできるが、メインネットではできない。これはなぜだろうか。

実際、コントラクトはマイニングなしで実行されるので、Mistがメインネットでマイニングすることはなく、コンピューターのリソースが消費されることもない。というのも、現時点で数千ものノードがパブリックイーサリアムチェーンですでにマイニングし、その作業に対して実際のイーサが支払われているからだ。

NOTE

コントラクトがテストネットで実行されていなくても、怒り出してはいけない。Mistまたはgethのテストネットマイナーを有効にすれば、コントラクトが実行される。これは、よくある間違いだ。

コントラクトのテスト中に偶然にも他の人がテストネットでマイニングしていることもあれば、そうでないこともある。マイナーにはこのままテストネットでマイニングしていようという金銭的インセンティブがないため、テストネット上には自分以外に誰もいなくなり、静かな状態になる。そのため、Mistではテストネットでマイニングできる他に、GUIコントラクトデプロイインターフェースも備えているのだ。

6.17 GPUマイニングリグ

ほとんどのイーサマイニングは、図6-8に示したような専門のGPUマイナーで行われる。これは、筆者が運用しているものだ。写真のマシンのうち2つは、Claymore Dualminerを実行している。

これは、Bitcointalk.orgフォーラムのメンバーであるクレイモア氏が作成したカスタムマイニングプログラムで、マルチGPUリグ上でイーサと別の暗号通貨の両方を同時にマイニングする。

Claymore Dualminerについては、次のURLで確認できる。

https://bitcointalk.org/index.php?topic=1433925.0

図6-8:著者の地下室で実行されている4つのイーサリアムマイナー

写真の3つ目と4つ目のリグは、ethOSを実行している。これは、イーサリアム、ジーキャッシュ、またはモネロをマイニングするリグ用に特に作成された特別なLinuxディストロだ。これは、ゼロから構築するよりもはるかに簡単なソリューションである。ethOSについては次のURLで学習できる。

http://ethosdistro.com

Windows、macOS、Ubuntu用にマルチGPUマイニングを有効にするソフトウェアパッチがいくつか用意されている。ただし、これはUbuntuで行うのが最も簡単だ。

Ubuntuを実行していて、複数のGPUでマイニングしたいのなら、AMDハードウェアで行うのが最も簡単だ。ビデオカードを物理的に取り付けたら、後は数個の簡単なコマンドを実行するだけだ。Ubuntu 14.04で、ターミナルを開き、以下を入力する。

```
sudo apt-get -y update sudo apt-get -y upgrade -f
sudo apt-get install fglrx-updates sudo amdconfig --adapter=all --initial
```

次に、再起動する。続いて、以下のターミナルコマンドを入力して、OpenCLを有効にする。

```
export GO_OPENCL=true
export GPU_MAX_ALLOC_PERCENT=100 export GPU_SINGLE_ALLOC_PERCENT=100
```

再度ターミナルを開き、以下を入力して、構成が正しく機能したことを確認できる。

```
aticonfig --list-adapters
```

装着されているAMDグラフィックスカードがリストに表示されるようになる。アスタリスク（*）で示されたカードが、コンピューターのデフォルトのビデオ出力だ。ブラック画面が表示された場合は、モニタに誤ったビデオカードが装着されている可能性がある。

6.18 複数のGPUがあるプールでのマイニング

利益を得る手段としてマイニングに本腰を入れるのは遅いかもしれない。この章のはじめに、ネットワーク採掘難易度という概念を取り上げた。すでに説明したように、ネットワーク採掘難易度はすでにかなり高く、イーサリアムの効果的なマイニング期間は終了する見込みだ。

イーサリアムが人気になり、時間が経って、ネットワーク上のマイニングハッシュパワーが増大するにつれて、マイニングはほとんどのユーザーにとって次第に魅力のないものになっていく。ただし、将来新しい暗号通貨をマイニングすることだけが理由だとしても、依然としてイーサリアムマイニングの仕組みを学習するのは楽しいことであり、有益である。ハードウェアにアクセスできるなら、マイニングを試さない理由はない。場所によってはイーサをマイニングするよりも、イーサをすぐに購入したほうが安いとしてもだ。

マイニングプールがいくつかあるが、ここではUbuntu 14.04向けのQt Minerというプログラムを使用する。

話を簡単にするため、ここではUbuntu 14.04向けのQtMinerというプログラムを使用する。これは、下記のURLからソースコードを入手できる。

http://github.com/ejtttje/qtminer

これをビルドしてqt.minerスクリプト実行可能ファイルを作成する。

最後に、以下のコマンドでQtMinerを起動する。addressはマイニング報酬の支払いを受けるイーサリアムアドレスで、nameはこの特定のマイニングリグの名前である。


```
./qtminer.sh -s us1.ethermine.org:4444 -u address.name -G
```

Mistを開かずに獲得金額を確認するには、同期に時間がかかることもあるのだが、次のURLに移動し、以前に右上の検索ボックスに含めたのと同じイーサリアムアドレスを入力する。

6.19 まとめ

この章では、イーサリアムプロトコルの最も複雑な部分であるマイニングプロセスに取り組んだ。マイナーにどのくらいの金額がどのように支払われるのか、高度な機器を備えた単一のマイニングプールでネットワークが独占されないようにするためにどのような手段を講じているのかについて学習した。Gethをインストールし、コマンドラインでJavaScriptメソッドの実行を開始した。テストネットでのマイニングから開始し、プールでのマルチGPUマイニングまで進んだ。

このすべてが活動中のチェーンで稼働している様子をダイナミックな写

真で見たいなら、にアクセスしてほしい。

https://ethstats.net

これまでの章とこの章で学習したことを短くざっとまとめてみよう。

イーサリアムのブロックは、所定の12〜15秒間隔で発生したトランザクションを記録したものだ。ノードがネットワークと同期するたびに、近くにあるノードからブロックをダウンロードしてデータ構造に組み立てる。これで、ルートハッシュを計算し、検証できるようになる。このため、ブロックチェーンの履歴は正確なものであると信頼でき、新しいブロックのマイニングや新しいトランザクションの送信を安全に開始できる。これが、MistとGethのインストール時に垣間見た同期プロセスである。

次の章では、プルーフ・オブ・ワーク・マイニングを攻撃に対して弾力性のあるものにする経済的なインセンティブと非インセンティブについて学習する。この新たに出現しつつある分野をクリプトエコノミクスと呼ぶ。

第7章
クリプトエコノミクスのインパクト

セキュアなコンピューターネットワーク全体にわたって
経済活動を研究する分野を
クリプトエコノミクスと呼ぶ。
新しい技術は、新しい経済を作る。

マイニングとデプロイから離れて一休みしよう。イーサリアムの設計にあたって、いくつかの選択肢があることについて述べる。特に、イーサリアムの経済的なインセンティブと非インセンティブの体系を取り上げる。

大まかに言うと、イーサリアムのこの観点はゲーム理論の分野と重なっている。対立と協力が交錯する状況での理性的かつ知的な意思決定を研究する分野だ。

ゲーム理論は、経済学、防衛計画、心理学、政治学、生物学、さらにはギャンブル（!）を研究する分野で、既知のシステム内で活動する人間とコンピューターの行動を研究、分析、および予測するための方法論として使用される。

本書は、イーサリアムネットワークの目的とイーサリアムネットワークへの接続方法を理解するためものであるから、特に数学者である必要はない。実に運が良い。でも、もしあなたが数学者なら、この簡単だが重要な章で取り上げる概念について、もっと詳しく技術を解説してほしいと願うはずだ。

その場合は、イーサリアムホワイトペーパーとイエローペーパーを参照してほしい。それぞれ、以下のＵＲＬにある。

イーサリアムホワイトペーパー

https://github.com/ethereum/wiki/wiki/White-Paper

イーサリアムイエローペーパー

http://gavwood.com/paper.pdf

7.1 これまでの道のり

暗号はコード化したメッセージを送信する手段として何千年もいろいろな方法で存在してきたが、暗号化を研究する分野は第二次世界大戦以降のわずか数十年のうちに正式な専門分野になった。戦争中、連合国は枢軸国のエニグママシンからモールス信号で送信された暗号メッセージを傍受して解読できた。司令官ドワイト・D・アイゼンハワーによれば、これこそが連合国の勝利を決定付けた要因である。※1

不明瞭なアナログ無線周波数では、干渉のノイズや混乱で情報がはっきり聞こえたり聞こえなくなったりすることがあったが、今やデジタル通信の世の中、アナログ無線周波数で情報を伝送する必要はない。明瞭でクリアなデジタル信号が多くのデバイスとプロトコルを伝送されていく。今日のこのデジタル通信時代は、暗号破りとも呼ばれる暗号解読によって到来した。その結果生まれた情報理論という新しい分野が、現代のコンピューターとコンピューター言語、およびネットワーキングを現実のものとした。未来を夢見る発明者たちが思い描いてから、数十年のことだ。

※1　F.W.ウィンターボーザム、ウルトラ・シークレット:The Inside Story of Operation Ultra, Bletchley Park and Enigma(ロンドン:Orion Publishers)、2000

▶7.1.1 新しい技術が新しい経済を作る

情報理論が約束するすばらしい未来は確実性とプライバシーである。1と0により、コンピューターは間違えようのない信号を送信できる。コンピューターなら毎回同じように同じコードを実行できると信じている。それゆえ、今日こうして高度な自動化を享受しているわけだ。暗号化により、送信者と受信者に対してそれらの信号の意味を秘密にしておくことができる。たとえメッセージが世界を巡り、その間に多くのネットワークを通過し、中にはスパイ装置を装備したネットワークがあったとしてもだ。

今日のコンピューターは、1945年頃のエニグママシンよりもはるかに優れた強度で情報を暗号化して、ネットワークに送信される情報を保護できる。暗号化メッセージングを大まかに定義すると、信用できない環境や、情報が悪用されたり破棄されやすい状況で使用できる通信手段であると言える。戦争はその一例だが、産業スパイや宗教的迫害や自然災害もそうである。

経済学は通常、人と人との間の相互作用を研究するが、戦争など敵対的な文脈での相互作用も対象になることがある。今やクリプトエコノミクスという新たな分野が出現しつつある。敵対的な環境でネットワークプロトコル全体にわたって展開される経済活動を研究する分野だ。

クリプトエコノミクスの範疇には、以下のものがある。

- **オンライントラスト**
- **オンライン評判**
- **暗号化によるセキュアな通信**
- **分散型アプリケーション**
- **(いわば)ウェブサービスとしての通貨または資産**
- **ピア・ツー・ピア金融契約(スマートコントラクト)**

- **ネットワークデータベースコンセンサスプロトコル**
- **反スパムおよび反シビル攻撃アルゴリズム**

シビル攻撃では、攻撃者は多数の仮名のアイデンティティーでピア・ツー・ピアネットワークをあふれさせる。不釣り合いなほど大きな影響を与えるのが狙いだ。これは、ピア・ツー・ピアネットワークの注目に値する脆弱性である。第6章で説明した51%攻撃は、シビル攻撃に似ている。これから見ていくように、応用クリプトエコノミクスと呼ばれるようなもののほとんどは、インセンティブと非インセンティブを有効に機能させてゲームのようなシステムを作り上げている。これが安定した緊張を築き、ネットワークの稼働を維持している。

▶7.1.2 ゲームのルール

クリプトエコノミクスシステムを構築する人(パブリックブロックチェーン開発者)は、このようなネットワークのあるべき仕組みに考えを巡らせながら日々を送っている。こうして立てた前提のほとんどは、過去や現在の他のクリプトネットワークプロトコルでの実体験を基にしている。その前提とは次のようなものだ。

- **集中化に注意**:ある2人の保持するネットワークマイニングハッシュパワーや暗号通貨自体が全体の25%近くになると、もう少しで敵対的フォークを発生させてネットワーク整合性を破棄できてしまう恐れがある。
- **ほとんどの人は理性的**:ただし、ネットワークの一定割合は、推論するのが難しい行動をするユーザーで構成されている。このような人の中には、ネットワークを停止させようとする人もいる。故意であることもあれば、信じられないほどの偶然によることもある。

- **大規模ネットワークでは人の出入りが激しい**：そのため、ネットワークトラフィックとユーザーシップの盛衰が起きるが、高水準の活動を維持し続けるユーザーもいる。
- **検閲不可**：コントラクトは、他のコントラクトから完全な形でメッセージを受け取ると信じている。
- **ノードは自由に対話できる**：2つのノード間で迅速かつ簡単にメッセージを渡すことができる。
- **債務と悪評に法的拘束力はない**：誰でもパブリックチェーンを使用していつでも新しいウォレットアドレスを作成できるため、コミュニティーによってはプライベートチェーンにしか存在できないものがある。その場合、限定発行のウォレットアドレスはソフトウェアコントラクトまたは中央集権的な管理者によって制御される。

このような前提の多くはビットコインに当てはまるのだが、ビットコインがそうした前提を全面的に活用して、人類が今日直面するあらゆる問題に取り組んでいるわけではない。ビットコインで債券や住宅ローンなどの長期債務証書を作成するのは容易ではないというのは、ビットコインには不向きな人間活動の主要領域（負債による資金調達）の一例にすぎない。

これはビットコインにとって打撃ではなく、むしろその強みがグローバルな流動性のある支払いレイヤーにあることを認めるものだ。貯蔵媒体でもなく、有用な商品でもなく、財産構築に向けた明らかな兆候でもない。金銭的価値を表す言葉は人類の文化の中に数多くあり、そこから新しいものを見つけることがクリプトエコノミクスを巡る現在の活動を牽引しているとも言える。

7.2 なぜクリプトエコノミクスは有用なのか

何よりもまず、「応用クリプトエコノミクス」は、規模を問わずあらゆるパブリックネットワークと攻撃者の間に防御レイヤーを構築する。ゲーム理論システム設計、暗号化、暗号ハッシュを結合して、よく使用され一般に広く運用されているリソースを保護する。この場合は、グローバルなトランザクションステートマシンを意味する。

パブリックチェーンはパブリックであるため、大量のコンピューティングパワーを備えた攻撃者に対して弾力性がある必要がある。このため、より多くのノードがより広い地域に分散し、それらがお互いにつながりのない所有者によって所有されているネットワークであれば、安全性が高いと考えられる。

マイニングプールは集中化をもたらす。そのため、プールのハッシュパワーが25%よりも大きくなると、ネットワーク脅威のしきい値に近づく。このようなプールが2つ出現すれば、すぐにでもネットワークが制御されてしまう可能性がある。

カスタムのASIC耐性Ethashアルゴリズムを使用し、採掘難易度がすぐに大きくなるようにネットワークを設計することで、プロトコル設計者はマイナーが職業と化して連携してもほとんどインセンティブが得られないようにした。

▶7.2.1 ハッシュと暗号化の比較

第1章で説明したように、ブロックチェーンは一体となって機能する3つの技術で構成されている。それは次のとおりだ。

- **暗号ハッシュ**
- **非対称パブリックキー暗号化**
- **分散P2Pコンピューティング**

前章では、各ブロックヘッダーにはチェーン全体のルートハッシュに加え、ブロック内のトランザクションのハッシュが含まれていることを学習した。ブロックヘッダーにあるこの2ビットのデータを使用して暗号シードが作成され、続いてその暗号シードがDAGファイルを生成する。DAGファイルは1GBまで大きくなり、プルーフ・オブ・ワーク・アルゴリズムでは「材料をまとめて取り出すトレイ」として機能する。プルーフ・オブ・ワーク・アルゴリズムは、ブロックを検証する正当なナンス値を探すために、DAGにあるデータの塊をまとめてハッシュする。

NOTE

大企業は、パブリックチェーンからも恩恵が得られる。安全でプライベートなアプリケーションデータ層にかかる多大なコストを相殺できるのだ。2017年2月28日にニューヨーク州ブルックリンでイーサリアム企業連合が発足した際、イーサリアム共同創始者のジョセフ・ルービン氏は次のように述べた。大規模な組織にとって、「パブリックなコンポーネントを持たないブロックチェーンを構築しても意味がない。プライベートからパブリックへと向かうクリプトエコノミクスというのはほぼ実現不可能だからだ」。

どちらのプロセスもアルゴリズムによるものだ。プロセスに情報が入って、異なる情報が出ていく。しかし、それぞれの使用目的は異なる。

▶7.2.2 暗号化

暗号化についてはすでに本書で説明したが、もう一度確認しておこう。イーサリアムアカウントもビットコインアカウントも、暗号キーのペア（1つはパブリック、もう1つはプライベート）を使用して、それぞれの仮想マシンに送信されるトランザクションを暗号化する（どちらのネットワークも、secp256k1カーブという同じアルゴリズムを使用して暗号化を実行する）。これはパブリックキー暗号化で、非対称暗号化とも呼ばれることを思い出してほしい。

これと対照的なのが対称暗号化だ。これは、両当事者がパブリックキーとプライベートキーを共有する。住所と自宅の合い鍵を配偶者と共有するようなものだ。

対称暗号化パターンは、今日のほとんどのサーバーで使用されているものだ。サーバー同士が通信するとき、同じプライベートキーを使用して互いを認証することがよくある。これが安全だと言えるのは、トランザクションのほか端にあるサーバーではこのプライベートキー（両当事者に共通の値である可能性がある）が攻撃者に知られないよう秘匿されているとの信頼がある場合だけだ。

暗号化は、判読可能な文字列や数値を、判読できないランダムな文字と数値の塊に変えるのだが、ここで1つ注意したい重要な点がある。暗号化アルゴリズムから出てくる暗号テキストには固定長がないということだ。

Pretty Good Privacy（PGP）とAdvanced Encryption Standard（AES）は、このためによく使用されるアルゴリズムである。RSA暗号化アルゴリズムも、世界各地のIT部門で広く使用されている標準のアルゴリズムである。ただし、このようなよく使用される暗号化アルゴリズムによって生成されるパブリックキーは、非常に長くなって扱いにくくなることがある。イーサリアムでは、ビットコインと同じ楕円曲線ベース暗号プロトコルを使用する。これはECDSAアルゴリズムとも呼ばれ、セキュリティと簡潔さを兼ね備えているという利点がある。ECDSAでは、キーサイズを比較的小さくすることができるので、必要な記憶域と送信要件が低減される。ただし、ヴィタリック・ブテリン氏が言うには、このプロトコルは将来ECDSAの現在の実装から離れて、さらに大きなセキュリティを提供するものになるそうだ。

▶7.2.3 | 暗号化の弱点

ただし、暗号化にも弱点がある。1つは、CPUを大量に消費するという評判があることだ。もう1つは、プライベートキーは暗号としては安全であるが、人間の愚かな行為に対しては耐性がないことだ。プライベートキーは、慎重に管理する必要がある。実際、アメリカ国立標準技術研究所(NIST)では、保護するデータやキーの感度および保護するデータの量(キーペアの数)に基づいて、暗号キーのライフサイクルに関するガイドラインを示している。※2

なお、誰にもメッセージを解読されたくないなら、暗号化が最良の選択肢ではない。プライベートキーが存在するということは、いつの日か自分の情報が公開されるとも限らないということだ。公開するのは自分かもしれないが、プライベートキーを手に入れた人なら誰でもそうできる可能性がある。

▶7.2.4 | ハッシング

ハッシングは、少なくともハッシュを元の判読できる形式に「戻す」ことができるプライベートキーがないという点で、暗号化よりも安全である。このため、マシンがデータセットの内容を認識しなくてもよいなら、代わりにデータセットのハッシュを与えるとよい。

ハッシュアルゴリズムは、暗号化アルゴリズムと同じくデータを受け取るが、固定長の文字列や数値を生成する。大規模なデータセット内のわずか1文字を変更しただけでも、ハッシュはまったく異なるものになる。ハッ

※2 NIST、「Recommendations for key management(キー管理に関する推奨事項)」、https://www.nist.gov/node/563271、2012。

シュしたデータを元の形式に戻すのは、基本的に不可能だ。よく使用されるハッシュアルゴリズムにはMD5、SHA-1、SHA-2などがある。イーサリアムプロトコルもビットコインプロトコルも、SHA-256を使用する。世の中で最も強力なハッシュアルゴリズムだ。

▶7.2.5 ハッシュは何に適しているか

SHAで始まるハッシュアルゴリズムの名前に見覚えがあるなら、それはおそらくWi-Fiに接続してパスワードを入力するときにスマートフォンやコンピューターのネットワークインターフェースで見たことがあるからだ。ハッシュはその性質上一方向であるため、2つの秘密の値をその内容を明らかにすることなく比較するのに優れている。このため、コンピューターがWi-Fiパスワードをハッシュして Wi-Fiルーター（パスワードを認識する）に渡すと、Wi-Fiルーターはパスワード自体をハッシュし、同じ結果を得るはずだ。これにより、パスワードが適切なので接続できるようになる。この利点は、ハッシュを生成しただけなのに、ネットワークで盗聴をしている人にパスワードを見られる心配がないということだ。

7.3 ブロックの速度がなぜ重要なのか

第6章では、1つのブロックの時間は15秒であると厳密に定義した。マイニングプロセス内のサブルーチンの多くが、そのブロック時間を維持するように設計されている。ただし、そこでいったん立ち止まって、そのブロック時間がビットコインの10分ブロックよりも「優れている」のかどうかや、それが単にイーサリアムプロトコルの仕組みの特性なのかどうかを尋ねることはしなかった。

ここで知っておくべき1つの事実は、ビットコインノードが世界に散らばっていて遅延が発生するということだ。2013年に研究チームが測定したところ、そのうちの約95%には12.6秒のうちに到達できる。※3 この数値はブロックサイズに比例するため、ブロック時間が「速い」通貨であれば、ネットワークの反応速度が向上する可能性がある。

ただし、当面はブロックが速くなればセキュリティが低下する。ここでは、その理由に立ち入らない。しかし、それにも強みがあって、確認時間が短くなる。つまり、情報の粒度がきめ細かくなれば恩恵が得られるのだ。このため、ノードは当初誤りを犯しやすいが、数世代のうちに「本当の」チェーンへと強力に引っ張られていく。高速のブロックは低速のブロックよりも比例的にセキュリティが低下するという考えは誤りだ。

ブロック時間の速度がさまざまなネットワーク特性にどのような影響を与えるかについては、イーサリアムブログの次の投稿を読んでほしい。

https://blog.ethereum.org/2015/09/14/on-slow-and-fast-block-times/

7.4 イーサの発行方式

イーサは、マイナーに支払いを行うためにネットワークによって作成される。ただし、自力でネットワークに資金を投入するために、2014年半ばに事前に売り出されたイーサもある。約6000万ETHが、ビットコインあたり1000〜2000ETHの価格で販売された（事前販売の時点で、およそ10%がイーサリアム財団に割り当てられ、さらにもう10%が予備として確保された）。

事前販売以降、マイナーに支払う報酬という形で1年あたり1560万

※3 スイス連邦工科大学、チューリッヒ、「Information Propagation in the Bitcoin Network（ビットコインネットワークにおける情報伝播）」、https://www.tik.ee.ethz.ch/file/49318d3f56c1d525aabf7fda78b23fc0/P2P2013_041.pd、2013。

イーサが発行されることになっている。イーサの発行が停止されることはないが、1年あたりに発行される量はプール全体に占める割合が次第に小さくなっていく。

図7-1に示すように、2014〜2015年に曲線が小さく上向いているのは事前販売期間を示している。

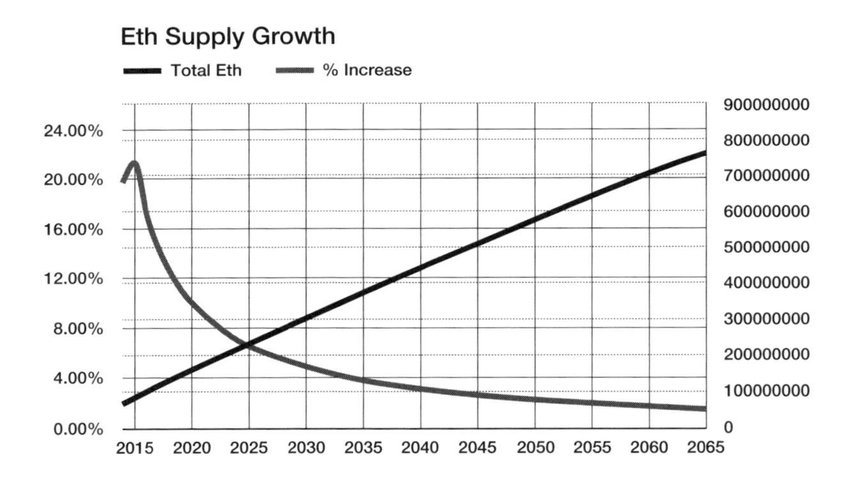

図7-1：イーサの供給はインフレを誘発するが、それが必然的に価格に反映されるわけではない

このため、イーサの発行方式は2025年頃までは（価格ではなく数量の点から見て）インフレを誘発し、その後は数量の点から見てデフレを誘発する。イーサの価格は市場によって決まり、そのときEVMでどのくらいの需要があるかに基づくと言ってよい。ガソリンと同じで、価格の変動に深く関係しているのは、人がどのくらい運転するかということ、人が市場取引でどのくらい価格を操作しているかということだ。

7.5 よくある攻撃シナリオ

次に、P2Pネットワークでよくある攻撃ベクトルにイーサリアムプロトコルがどのように対処するかについて簡単に説明する。第3章のEVMのところで説明したように、状態遷移関数は1ブロックあたり限られた数の計算ステップにバインドされる。実行時間がなくなると、途中で終了し、その状態変更は元に戻される。それでも、このようなロールバックした変更に対して手数料がマイナーに支払われる。

プロトコルがこのような設計に決定された根拠は、クリプトエコノミクスのレンズを通して見れば明らかだ。イーサリアムホワイトペーパーでは、以下の例を使用して、ネットワークが攻撃を受けているときにその仕様がいかに有用であるかを示している。

- **攻撃者がマイナーに無限ループが含まれているコントラクトを送信すると、最終的にはgasが使い果たされる。それでも、マイナーはプログラムが行った計算ステップごとに攻撃者に手数料を要求できるという点で、トランザクションは引き続き有効である。**
- **攻撃者がマイナーの稼働を維持するために適切なgas手数料を支払おうとしても、マイナーはSTARTGAS値が高すぎることを認識し、実行する計算ステップが多すぎることを事前に把握する。**
- **自らのgas支払いが発生するようにして用心深く行動する攻撃者を想像してみよう。攻撃者はコントラクトコードを送信する。このコードは、お金を引き出すことはできるが、アカウントの残高をダウンさせるほどではない。これは、何もないところからお金を作り出すという点で、二重支払い攻撃に似ている。ただし、イーサリアムでは、このトランザクションは完全にロールバックされる。途中でgasを使い果たしてしまうからだ。**

▶7.5.1 マシン間のソーシャルプルーフ

マシンをソーシャルであると考えることは変わっているが、複数のマシンからなるネットワークはまさにそうなのだ。プルーフ・オブ・ワークは、人と人との間のソーシャルプルーフのようなものだ。ソーシャルプルーフは、順応の一形態である。個人は、どう行動すればよいか不安になると、分別があると思われる人の行動をまねる。多くの場合、これは多数派をまねるということだ。

この現象がどうやってネットワークを保護するのだろうか。イーサリアムネットワークとビットコインネットワークでは、トランザクションの順序が「本物」かどうか見分けが付かない場合、単にノードの過半数が言う順序が本物であるということになる。それ以上の事実に基づくものはない。そういうわけで、51％攻撃は実際に起こる現象なのだ。目の前に大きなニンジンがぶら下がっている。誰もが多数のマイナーを稼働させ、ネットワークをフォークして、価値を吸い取り始める。このような攻撃を食い止めるものは何か。膨大なコストがかかるということだけだ。まったく利益にならない愚かな行為なのだ。数千ギガハッシュものコンピューティングパワーは、購入するにも、リースするにも、運用するにも費用がかかる。

▶7.5.2 ネットワークの拡大に伴うセキュリティ

今日（執筆時点での）、イーサの時価総額は小さいが、グローバルウェブサービスのほんの一部分でもイーサの使用に移行すれば、イーサの価値は自然の価格デフレを超えて大きく成長する。ただし、イーサを商品と考えているなら、イーサの価格はあまり重要ではない。つまり、EVMでのアプリケーションホスティングコストを支払うための燃料というわけだ。

価格が上下すると、投機家やマーケットメーカーが引き寄せられてくる。取引量が過大になったときにさらにボラティリティーを大きくしようとする人たちだ。そうなると、マイナーの利幅が変わる。マイナーは、イーサが再度純利益を得られる価格になるまで、ノードをオフにすることもできる。

ボラティリティーがあると、悪意のあるノードオペレーターと金融マーケットメーカーが結託する恐れが出てくる。価格を下げてネットワークのハッシュパワーを減らし、チェーンをフォークして新しい状態にする方向へとマイナーのファーム全体を持っていき、その過程で二重支払いを実行する。本書を執筆している時点で、このような結託が成功したことはなく、今後もまずないであろう。すでにウォール街の著名な銀行の多くが、社内または外部のコンサルタントと協力してイーサリアム開発プログラムを実行すると発表しているので、ネットワークの堅牢性は日を追うごとに間違いないものになっている。

7.6 クリプトエコノミクスの詳細

このセクションのタイトルは、ヴィタリック・ブテリン氏によるRedditへの投稿に由来するものだ。この中で、氏は4つの攻撃シナリオを提示し、それらがどのように発生するのかについて考えを述べている。その内容は、次のURLで確認できる。

https://www.reddit.com/r/ethereum/comments/453sid/empirical_%20cryptoeconomics/

クリプトエコノミクス活動が文化に及ぼす影響に関心があるなら、CoMakeryの創業者ノア・ソープ氏によるこのエッセイを読んでみるとよい。

https://media.comakery.com/how-society-will-be-transformed-by-crypto-economics-b02b6765ca8c

7.7 まとめ

この章が簡潔にまとめられているのは、経済のこのサブジャンルが目新しいからだ。新しいが、複雑になるのは避けられない。暗号通貨ごとに独自の発行パラメーターがあるからだ。

今後の参考までに、これらの問題が数十年にわたってどのように扱われるかについては、ほかならぬ連邦準備制度理事会に注目するとよい。セントルイス連邦準備銀行のデービッド・アンドルファット氏は、2015年早期にブログの中で、米国中央銀行には国内暗号通貨を検討するだけの理由があると述べ、以下のように説明している。

> 連邦政府がコア開発者としてビットコインのようなオープンソースのプロトコルを（適切に変更を加えて）実現するとしよう。名前は連邦政府コインだ。キーポイントは、連邦政府の独特の立場にある。連邦政府なら、連邦政府コインと米ドルとの交換レートを固定してくれるという信用がある（交換レートはいくらでもよいが、等価としよう）。連邦政府のほうが、固定交換レートで米ドルに裏付けられた（たとえば）ＢＴＣを発行する民間企業よりも比較優位があるというのが私の主張だが、これには何か裏付けがあるのか。こうした民間企業が抱える問題は、まさに、自国の通貨を一方的に他国の通貨に連動させようとする国が直面する問題だ。一方的な固定交換レート制度は、本質的に不安定である。ＢＴＣ／米ドルの交換レートを固定する機関に信用の問題があるからだ。規模を問わず償還が急増した場合に、果たして米ドル準備金を使い果たしてしまうことがないのか。そのコミットに信頼が置けないのだ。実際、こうした構造は投機的な攻撃を招来する。※4

※4 MacroMania、「FedCoin: The Desirability of a Government Cryptocurrency（連邦政府コイン：政府発行暗号通貨の望ましいあり方）」、http://andolfatto.blogspot.co.uk/2015/02/fedcoin-on-desirability-of-government.html、2015。

氏は、この前年の初めに開いたフランクフルトでの会見で、初めてこれらの提案を述べ、その際にこうしたシステムをFedwire for all（みんなのためのFedwire）と呼んだ。これを聞くと、第3章で説明したFedwireシステムとEVMの話を思い出すのではないだろうか。

これ以降はコマンドラインに戻り、分散型アプリケーションのデプロイ方法を学ぶことにしよう。

第8章

分散型アプリケーションのデプロイ

これから見ていくように、
分散型アプリケーションをデプロイするのは
新しいコンピューティングパラダイムのフロンティアで
冒険するようなものである。

分散型アプリケーション(DApps)は、他のEVMプロトコルにも見られる理想をいくつか共有する。普遍性の約束である。分散型アプリケーションは、スマートコントラクトで構成されている。これは、本書で何度も述べているように、イーサリアムネットワーク上のすべてのノードでほぼ同時に実行される。

分散型アプリケーションは実際にはEVM上で誰でも利用できるウェブサービスのようなものであるが、ユーザーは通常のHTML/CSS/JavaScriptフロントエンドを介してアクセスでき、このフロントエンドにはウェブブラウザーやスマートフォンアプリケーションやイーサリアムブラウザー(Mistなど)からアクセスできる。

NOTE

この章では、すでにスキルを習得した開発者向けの話題を扱う。これからプログラミングを始める読者は、まずこの章を第9章とともに熟読してほしい。

それからJavaScriptの初心者向けの本でスクリプト作成のスキルを上げ、次のURLからSolidity言語のチュートリアルにあたるとよい。
http://solidity.eth.guide/

ブロックチェーンベースのアプリケーションクライアントを実行するのは、クラウドホスティングでクライアントを管理するよりもはるかに簡単である。ハブ・アンド・スポーク型のウェブアプリケーションは、それが動作する個々のサーバーを反映して、垂直に拡張していく。一方、イーサリアムアプリケーションは、クラウドアプリケーションであればそうあってほしいと望むように、水平に拡張していく。

今日、クリプトネットワークは、トランザクション処理能力の点から見て大幅に制約されていることは確かだが、プロトコルの他のコンポーネントが成熟していけば、速度が向上するはずだ。

8.1 スマートコントラクトについて考えるための７つの方法

あらゆる分散型アプリケーションの背後には、一連のスマートコントラクトがある。スマートコントラクトは、以下のシナリオで有用である。プロトタイプを作るのが楽しみになってくるような領域に気づかされるかもしれない。

- **実世界の何か、あるいは他のコントラクトのために会計制度を維持する**
- **所得を別個のバケットに自動的に再送信する普通預金口座など、転送コントラクトを作成する**
- **フリーランサーの契約や給与など、複数の当事者間の関係を管理する**
- **他のコントラクトのソフトウェアライブラリーとして機能する**
- **他のシステムや一連のコントラクトのコントローラーとして機能する**
- **コミュニティーウェブサービスのアプリケーション固有のロジックとして機能する**

●**乱数ジェネレーターなど1回に限り開発者が使用できるユーティリティーとして機能する**

アプリケーションの開発には、Web3 JavaScript APIとSolidityプログラミング言語の知識が必要になるだけでなく、アプリケーション開発者にとって新たな懸案事項が伴う。本書を読了したらすぐにでも、このようなツールを操作できるようになればと願っている。

いま構築されている分散型アプリケーションの種類をより深く理解するには、EtherCastsが運営する次のサイトをチェックしてほしい。

http://dapps.ethercasts.com

8.2 分散型アプリケーションコントラクトデータモデル

正常に機能するコントラクトをデプロイするためにまず知るべきことは、EVMに保存できるデータの種類とその保存先である。

これまでの章で見てきたように、イーサリアムネットワークのいずれのコントラクトアドレスにも、スマートコントラクトを保存しておくための記憶域がある。出費をいとわないなら、この記憶領域に制限はない。本書を執筆している時点で、記憶領域のコストはキロバイトあたり0.018ドルほどだ。

Solidity言語を使用すると、コントラクトを小さなリレーショナルデータベースとして簡単に使用できる。これをさらに簡単にするために、Solidity言語には、まだ本書では触れていないが、広く使用されているデータ型が2つある。

●**マッピング**

●**構造体**

Solidityのこれらの型の使用方法について詳しく学習するには、次のURLを参照してほしい。

http://solidity.eth.guide

コントラクトの個々の記憶領域は、突き詰めれば、2256個のキーとそれと同じ数の値を保持できるキー／値ストアである。どんな種類のデータベース構造を作成するにしても、これだけあれば十分だ。

8

NOTE

キー／値ペアやキー／値ストアというフレーズのように、オブジェクト属性のことを開発者の間でキーと呼ぶことがあることを思い出してほしい。人間の例で言えば、キー／値ペアはfootSize = 11のようになる。専用のサーバー上に全員の足のサイズを記載した表があるなら、それがキー／値ストアの一例である。EVM全体をステートフルトランザクションマシンと捉えれば、それはアカウント残高を示す巨大なキー／値ストアであると考えることができる。

ここまでで、Solidityコントラクトで作成し、使用できる簡単なデータ構造のようなものを思い描けたのではないだろうか。次のセクションでは、分散型アプリケーションアーキテクチャーを分解する。

8.3 EVMバックエンドはJSフロントエンドとどのように対話するか

イーサリアムネットワークとHTTPネットワークと呼ばれるもの（ウェブとも呼ばれるもの）との間にギャップがあっても、必ず越えていくことができる。分散型アプリケーションが稼働するウェブサイトで顧客が従来のウェブブラウザーから昼食の注文を入力したとしよう。顧客の注文に関するデータ（ミルクシェイクはいくつか）を顧客のブラウザーとEVMの間で正しく渡すためには、分散型アプリケーションのフロントエンドがそのデータを特定の形式でEVMに「送信する」必要がある。

NOTE

分散型アプリケーション自体に一連のコントラクトを保持するのではなく、他のコントラクトで特定のパブリック関数を呼び出して、それらの機能を利用することもできる。スマートコントラクトで関数をパブリックに宣言すると、Solidityがアクセサー関数を自動的に作成するので、他のコントラクトはその関数を呼び出すことができるようになる。

コンピューティングでは、データ交換形式は国際郵便サービスと同じように機能する。世界にはさまざまなサーバーがあり、そこではさまざまなオペレーティングシステムが実行されている。書かれている言語は異なり、書いたときの気持ちもまったく異なる。だが、いつかは種類が異なるサーバーとの間でデータを交換しなければならないときがやってくる。

この「交換」を正しく行うために、プログラマーは他のプログラムに情報を特定の表記で送信するようにプログラムを設計する。通常、この表記はオブジェクト全体の形式について説明したものだ（第1章では属性セットと値であると定義した）。たとえば、人間データオブジェクトには身長、体重、目の色、足のサイズなどがある。

▶8.3.1 | JSON-RPC

今日のウェブアプリケーションでは、JavaScriptコードは、JavaScript Object Notation（JSON）と呼ばれるよく使用されるオブジェクト表記を使用して、ウェブ全体で情報を渡すことができる。JSONオブジェクトは、数字、文字列、また、ある属性に関して順序立てられた値を持つことができる。

Web3.jsには重要なデータオブジェクトが2つある。どちらも、イーサリアム駆動アプリケーションのフロントエンドとバックエンドとの間で渡されるという点で、JSONとほぼ同等である。JSON-RPCオブジェクトと呼ばれるもので、Web3.jsライブラリーに同梱されている。

Web3.jsのインストールについては、この後説明する。この2つのオブジェクトは、以下の方法で使用される。

- **web3.ethは、特にブロックチェーンでのやり取りに使用される。**
- **web3.shhは、特にWhisperでのやり取りに使用される。**
- **Whisperはプライベートメッセージングプロトコルで、それ自体がより大きなイーサリアムプロトコルの一部となっている。Whisperとそれがロードマップ上のどの位置にあるかについては、第11章で学習する。**
- **動きに注目すれば、JSON-RPCオブジェクトはフロントエンド（HTTPウェブ上）とバックエンド（イーサリアムウェブ）との間で継続的にやり取りされるものであると考えることができる。**

8.4 ウェブ3がまもなく登場

Web3.jsと呼ばれるJavaScriptライブラリーは、新しいウェブ3の仕様に含まれている。ウェブ3プロジェクトについては、GitHubページで確認できる。

ウェブ3プロジェクト
https://github.com/ethereum/web3.js/

ウェブ3は分散型ウェブを表す一般用語で、ウェブ2がウェブホスティングアプリケーションとサービスによって定義されていたのと同じだ。ウェブ1は、静的なページをホスティングしていた元々のWorld Wide Webのことである。それ以後、Hypertext Transfer Protocolは進化を続け、さまざまなメソッドが追加され、さらに高度なコンテンツとスクリプトをサポートするようになっている。

ウェブ3は、特にイーサリアムプロトコルを中心に据えたビジョンなのだ。一般に、次の3つのコンポーネントがあると考えられている。

- **ピア・ツー・ピア・アイデンティティーおよびメッセージングシステム**
- **共有状態（ブロックチェーン）**
- **分散型ファイルストレージ**

最初の2つのチェックボックスは完了している。何と言っても、イーサリアムネットワークは稼働し、トランザクションは機能しているのだから。3本目の脚とも言える分散型ファイルストレージは、Swarmプロジェクトの一部である。これについては、第11章で学習する。

ウェブ3のパラダイムには、ウェブサーバーがない。キャッシュも、リバースプロキシーも、ロードバランサーも、コンテンツ配信ネットワーク（CDN）も、その他従来の大規模なウェブアプリケーションデプロイの産物もない。分散型ドメインネームサーバー（DNS）でさえ無料になる。Swarmストレージがオンラインになれば、イーサリアムのウェブホスティングコンポーネントのように安価になる。

あらゆるタイプの開発者とハッカーにとって、ウェブ3は「フリーミアムアプリケーションのデプロイモデルを大いに勢いづけるものだ。ユーザーがどんどん増えて規模が大きくなっていけば、手元に入るホスティング料金が増えていく。EVMでは、コードを効率のよいものにすればコストを抑えることができ、初日から地球上の誰もが自分のアプリケーションにアクセスできるようにすることができる。

分散型アプリケーション開発の詳細に焦点を当て、今日のこのウェブがEVMとどのように対話するかを見ていこう。

NOTE

ウェブ1、ウェブ2、ウェブ3は、原著のとおりに表記したが、ウェブの進化の概念をWeb1.0 、Web2.0、Web3.0と表記することもある。(編集部より)

8.5 JavaScript APIを試す

第6章では、GethでJavaScriptコンソールにコマンドを入力すれば、EVMとやり取りすることができることを見た。この操作を行うとき、実際にはただ、イーサリアムJavaScript APIに同梱されている個々のJavaScriptメソッドを呼び出すだけだ。これらのJavaScriptメソッドをGethコンソールに入力すると、Gethに固有のJITのようなJavaScriptインタープリターによって解釈される。これは「JSREをインタラクティブに使用する」とか、「インタラクティブモードで使用する」などと呼ばれる。

ただし、イーサリアムJavaScript APIメソッドを通常のウェブアプリケーションに公開して、EVMと対話させることもできる。

▶8.5.1 分散型アプリケーションデプロイでのGethの使用

他のイーサリアムクライアントも人気があるが、Geth(Googleで開発されたGo言語で書かれている)はJavaScriptをきわめて簡単に解釈するので、従来のHTTPウェブ上にあるフロントエンドウェブアプリケーションをバックエンドEVMコントラクトに接続するにはGethを使用するのが最も速い。

これらはGethによってEVMコードに解釈されるJavaScriptメソッドであるため、スクリプトにつなぎ合わせることができる。もちろん、これは何よりもJavaScriptの自然な使い方である。これを「非インタラクティブに使用する」と表現する。

NOTE

JavaScript APIを非インタラクティブに使用することこそが、まさにコンピュータープログラミングと呼ばれるものである。これは、一般的に言えば、プログラミング、つまりプログラムを書く目的である。Gethをインストールしたときのように、コマンドを手動でターミナルに入力するのではなく、プログラミングで自動化を図るためである。複雑な計算を実行する場合や、分析モデルを構築する場合には、命令のこれらの文字列が長くなって面倒になることがある。

命令の文字列をプレーンテキストファイルに記述することで、プログラムは簡潔で動作が速く、効率的で繰り返し利用できるものになる。

プログラミングのもう1つの目的は、人間のオペレーターが入力するタスクを分離し、各タスクをスレッドで並行して実行することである。これにより、仕事全体にかかる時間が短くなる。Gethのところで見たように、Gethを初めて起動すると、同期が始まり、その間はコマンドラインウィンドウで何も実行できなかったが、実際にはGethが実行中である限り、そのスレッドが停止することはない。

Ethcoreの開発者は、Gethの上にコンソールを構築することにより、Gethがバックグラウンドで同期している間、コンソールのオペレーターがローカルマシン上の別のスレッドでコマンドを出せるようにした。

この後は、バックエンドとしてのEVMに接続するための理想的なウェブ開発フレームワークについて学習する。

8.6 EVMでのMeteorの使用

JavaScript開発者であれば、Meteor.jsについて耳にしたことがあるかもしれない。反応の速いウェブアプリケーションを記述できるライブラリーだ。なぜ反応が速いかというと、サーバーとクライアントで相対するコードを実行するからだ。

これは、リアルタイムウェブアプリケーション向けの優れたフルスタックフレームワークであるが、イーサリアムフロントエンド開発にも便利である。シングルページアプリケーション（SPA）を記述するのに非常にうまく適しているからだ。

次に、なぜ非常に多くのイーサリアム開発者がMeteorを愛用しているのか、その理由を示す。

- **jMeteorは、ツールと同じように、完全にJavaScriptで書かれている。**
- **開発者環境全体をすぐに使用できる。**
- **デプロイがきわめて簡単である。**
- **インターフェースの反応が素早い（Angular.jsに似ている）。**
- **MiniMongoと呼ばれるNoSQLデータモデルを使用している。これは、ローカルのスマートコントラクトストレージに自動保持できる。**

Meteor.jsでイーサリアムアプリを構築する方法について詳しく学習するには、次のURLにチェックしてほしい。

https://github.com/ethereum/wiki/wiki/Dapp-using-Meteor

次は、開発マシンにWeb3.jsライブラリーをインストールする方法について学習する。これで、コントラクトをローカルに操作できるようになる。

▶8.6.1 | Web3.jsをインストールしてイーサリアム対応のウェブアプリケーションを構築する

Web3.jsライブラリーは、RPCを介してローカルノードと通信する。このライブラリーは、どのイーサリアムノードでも動作するが、そのノードが自身のRPCレイヤーを公開している必要がある。開発を行うにはローカルマシンにこのライブラリーをインストールする必要があり、フロントエンドアプリケーションを実行するにはウェブサーバーにこのライブラリーをインストールする必要がある。

これは、デフォルトでプライベートチェーンに公開される。このコマンドをフラグに指定してGethでチェーンを開始していない場合でも同じである。

実際、イーサリアムノードはベアメタルレイヤーであると考えることができる。そのRPCレイヤーを介してEVMを公開するというわけだ。そのRPCレイヤーは、Web3.jsも実行しているウェブサーバーでWeb3.ethオブジェクトとWeb3.shhオブジェクトを送受信できる。

ローカルの開発環境にWeb3.jsをインストールするには、ターミナルを開き、次の中から最も使いやすいインストールライブラリーを使用すればいい。

- npm: npm install web3
- bower: bower install web3
- meteor: meteor add ethereum:web3
- vanilla: link the dist./web3.min.js

次に、Web3インスタンスを作成し、ローカルホストをプロバイダーとして設定する必要がある。Web3.jsの操作方法の学習を続けるには、次にアクセスしてほしい。

http://dapps.eth.guide

続いて、GethコンソールでJavaScriptファイルを実行する方法を見ていく。

8.7 コンソールでのコントラクトの実行

分散型アプリケーションのデプロイを詳細に解説するチュートリアルなら、多くのページを割いて数十もの方法を試すことができるところだが、このセクションではとにかくすばやく始めることに焦点を当てる。

Gethに直接スマートコントラクトファイルをアップロードし、それをトランザクションに含めてEVMに送信できる。そのためには、単に--exec引数を追加し、ローカルスクリプトを指すJavaScriptコードを記述するだけだ。以下に例を挙げる。


```
$ geth --exec 'loadScript("/Desktop/test.js")'
```

実際、別のマシン上にあるJavaScriptを実行することさえ可能だ。ただし、そのマシンがGethを実行している場合に限られる。

```
$ geth --exec 'loadScript("/Desktop/test.js")' attach htt
ps://100.100.100.100:8000
```

次のセクションでは、イーサリアム対応アプリケーションのアーキテクチャーと、それが従来のウェブアーキテクチャーとはどのように違うのかを説明する。

▶8.7.1 コントラクトがインターフェースを公開する方法

JavaScript dapp APIを使用した場合、eth.contract()関数などの抽象レイヤーを介してコントラクトを呼び出すと、コントラクトが実行できる機能をすべて備えたオブジェクトが返される。

この内省的な機能を標準化するために、イーサリアムプロトコルにはアプリケーションバイナリーインターフェースと呼ばれるものが付属している。これは、コントラクトABIとも呼ばれる。ABIはAPIのように動作して、コントラクトをアプリケーションで呼び出せるように標準の構文を作成する。

ＡＢＩでは、適切な呼び出し署名と使用可能なコントラクト関数を記述した配列をコントラクトが返すことを規定している。

一部の開発者、特にApple開発者環境で長く作業していた開発者にとっては驚くようなことがある。イーサリアムには、よく使用されるアプリケーションコンポーネントを簡単に記述できるようにするフレームワークが「同梱」されていないのだ。

イーサリアムプロトコルには特徴がないとも言われるが、それでもよくあるユースケースではコントラクトを予測可能な方法で操作できるようにする必要がある。たとえば、通貨単位や名前レジストリや交換所取引などを扱う場合である。ABIは、このような状況に対する譲歩である。

ABIには、バイナリという言葉が含まれている。EVMでは、アプリケーション層よりも下のレベルでＥＶＭバイトコードが実行されるからだ。

この仕様は、次のＵＲＬで確認できる。

https://github.com/ethereum/wiki/wiki/Ethereum-Contract-ABI#functions

http://abi.eth.guide

スマートコントラクトの規格は通常、送信や受信や登録や削除などよく使用される数個のメソッドに対する一連の関数署名で構成されている。

8.8 プロトタイピングに関する推奨事項

Solidityコントラクトのプロトタイピングに関してまず知るべきことは、コントラクトをテストするのに必ずしもイーサリアムノードは必要ないということだ。Ethereum VM Contract Simulatorを使用できる。

https://github.com/EtherCasts/evm-sim/

このシミュレーターを使用すると、開発者はテストネットにアクセスできないとき、たとえばネットブックから作業しているときなどに、コントラクトを個別にテストできる。

次に、このほかのプロトタイピングに関するベストプラクティスを示す。ここでは、ライブイーサでテストするという状況になっているとする。

- **１つのコントラクトにあまり多くのイーサを使用しないこと。可能であれば、いくつのコントラクトを保持するか、その上限をプログラムする。これは、バグによって資金盗難が発生した場合に優れた安全装置となる。**
- **ライブイーサでテストする場合は、断じて使いすぎないこと。コントラクトはモジュール式にしてわかりやすくすること。可能であれば、個別にテストできるライブラリーに機能を抽象化する。関数の変数の数と長さを制限する。何事もドキュメントに記述する。**
- **Checks-Effects-Interactionsパターンを使用すること。つまり、別のコントラクトからデータが返されるのを待ってから処理を続けるようなプログラムにしないこと。このようなプログラムにすると、タイムアウトが発生する。一般に、これを回避するには、状態を変更する前に、返されたデータに対してチェックを実行する。**
- **自分で仲介役を作成すること。EVMはミスが許されないプラットフォームだ。安全装置として機能するメカニズムは自分のプログラムのために自分の責任で用意する必要がある。**
- **第５章のトークンコントラクトのところで説明したように、開発者はある種のコントラクトの規格に寄ってくる。イーサチェーンなどサードパーティーサービスにコントラクトを登録して、他の人がそのコントラクトを使**

用できるようにすることができる。一にも二にもテスト。次のURLに、テスト用のリソースが用意されている。

http://test.eth.guide/

これまで、デモ向けにはっきりと書かれたコントラクトをいくつか見てきた。実際の分散型アプリケーションのために簡単なスマートコントラクトを作成するなら、どのような種類のものがよいのか。また、それらをデプロイするには、どの方法が一番よいのか。これは、この章の最後のセクションの主要なテーマだ。

8.9 サードパーティーデプロイライブラリー

より高度なスマートコントラクトをデプロイしてウェブに接続するというのは、迅速な開発と絶え間ない変更にかかわる領域であるということもあって、本書の範囲を若干超えている。また、本書を執筆している時点ではかなり難しいことでもあり、ある程度の忍耐が求められる。

そういうわけで、イーサリアムコミュニティーで活発に開発が続けられている主な領域の1つが開発者ツールとなっている。

主要な開発者グループが、コントラクトと分散型アプリケーションのデプロイを容易にするツールを作成した。以下に、注目すべきプロジェクトをいくつか示す。

- **Monaxチュートリアルと Solidityコントラクト**
- **OpenZeppelinスマートコントラクト**
- **Truffleデプロイ、テスト、およびアセット構築環境**
- **Dapple(複雑なコントラクトシステム向けの開発者環境)**
- **Populus(Pythonで書かれたコントラクト開発フレームワーク)**

- Embark（JavaScriptで書かれた分散型アプリケーション開発フレームワーク）
- Ether Pudding（パッケージビルダー）
- Solium（Solidity用linter）

分散型アプリケーションガイド、チュートリアル、ベストプラクティス、サンプルプロジェクトは、本書で取り上げている以外にも数多くある。これらのツールとライブラリーへのリンクが次に掲載されている。

http://dapp.eth.guide

また、開発とデプロイに役立つリンクが次にまとめられている。

http://help.eth.guide

8.10 まとめ

この章では、イーサリアムはどのようなコントラクトを作成するのに便利なのか、またそれらをデプロイするにはどうすればよいのかについて学習した。さらに、どのようにすればスマートコントラクトがアプリケーションのフロントエンドと相互に通信できるのかについて説明した。

イーサリアム分散型アプリケーション開発は簡単ではないが、日々次第に取り組みやすくなっている。Gitterチャネルや地元の開発者コミュニティーに参加してみたらどうだろう。本書を執筆している時点で、世界（厳密に言うと218の都市と57の国）で8万1424人のメンバーと2257人の一般参加者が450のイーサリアムミートアップに参加している(本書執筆時点)

次章では、独自のプライベートブロックチェーンをデプロイして、チェーンの仕組みをさらに深く理解する。

第9章 プライベートチェーンとパブリックチェーン

パブリックチェーンの熱狂的信奉者の主張とは異なり、
プライベートチェーンには学習ツールとしてのメリットがある。
大手企業や国家、非政府組織向けの用途もあるはずだ。
ただし、ブロックチェーンがすべてに向いているわけではない。

直前のいくつかの章では、スマートコントラクト、分散型アプリケーション、およびトークンのデプロイに焦点を当ててきた。この章では、ブロックチェーンがデータベースであることを簡単に説明し、ブロックチェーン自体がどのようにデプロイされるのかを徹底的に理解する。

9.1 プライベートチェーンとパーミッションドチェーン

プライベートチェーンは、ピア・ツー・ピアのイーサリアムプロトコルによって実現されるクラウドデータベースにすぎない。自分で制御し、アクセス権を付与できるサイロである。

これは、パーミッションドブロックチェーンとは対照的と言ってよいだろう。パーミッションドブロックチェーンは、エンタープライズソフトウェアアプリケーションと同じく、中央集権型の管理者が設定する権限によって役割を定義している。

全体像を見れば、プライベートチェーンが本質的に既存のクラウドデータベースより優れているわけではない。実際、イーサリアムプロトコルの有用性は、作業が重複しないように、異種のグループをまとめてセキュアなインフラストラクチャーを共有することにある。本書の執筆時点において、イーサリアムネットワークは完全に稼働している。ただし、既存のウェブアプリケーションプロバイダーが移行できる大きさにはなっていない。それでも、あとわずかの開発で実現されるはずだ。今後のマイルストーンは第11章で解説している。

一方、HTTPウェブは、1989年以来、ずっと開発されている。※1 HTTPウェブの分散型クラウドストレージや名前空間、その他のよく使われる要素は、イーサリアムウェブでまだ再現されていないが、それもまもなくのことだ。先へ進もう。自分専用のカスタムのブロックチェーンを作成して、その仕組みの理解を深めよう。

9.2 ローカルプライベートチェーンのセットアップ

プライベートチェーンの有用性は限られている。第6章と第7章で述べたように、チェーンのセキュリティはチェーンでマイニングされているノードの数に比例するからだ。チェーンを開始したとき、マイナーはただ1人、自分だけだ。

ただし、ローカルプライベートチェーンは、教室でテストネットを作成し、学生がマイニングして自身とクラスメートのトランザクションやスマートコントラクトを実行するなら、とてもいい方法だ。それがどんなに簡単かがわかったら、EVMがどれほど高度に一般化された性質を備えているかがわかるだろう。

※1　ウィキペディア、「Hypertext Transfer Protocol」、https://en.wikipedia.org/wiki/Hypertext_Transfer_Protocol、https://en.wikipedia.org/wiki/Hypertext_Transfer_Protocol、2016。

内容は、configパラメーターから提供されるgenesisフィールドと同じである。

すでにGethをインストールしたので、コマンドラインの使用方法はわかっているはずだ。プライベートチェーンを作成するには、次の3つのものがあればよい。

- **カスタムのgenesis JSONファイル**
- **カスタムのネットワークID(番号)**
- **ネットワークIDファイルの保存先となるディレクトリ**
- **ネットワークIDを構成できる。**

単に1や2という数字にすることはできない。すでにテストネット(2)とメインネットワーク(1)に使用されているからだ。次に、カスタムのgenesisファイルを詳しく見ていこう。

▶9.2.1 ブロックチェーンgenesisファイルの作成

どのブロックチェーンも、どこかで開始する必要がある。この自分専用のエデンの園で、やがてプライベートチェーンになる種をまくことになる。ブロック0は、先行ブロックを指さない。このため、チェーンの他のブロックとは異なる。プロトコルにより、チェーンはブロックヘッダー内のルートハッシュを調べて、この起源ブロックに遡るルートを追跡できるブロックのみを受け入れるようになる。

ここでは、カスタムのgenesisファイルの作成方法を示す。

まず、テキストエディターを開く。765というネットワークを作成するので、ナンス値として765を設定する。ゼロ以外の数値にする必要がある。コードは、次のURLで確認できる。

https://github.com/chrisdannen/Introducing-Ethereum-and-Solidity/blob/master/genesis765.json

テキストエディターに、以下のテキストを貼り付ける。

```
{
"nonce": "0x0000000000000765",
"timestamp": "0x0",
"parentHash": "0x0000000000000000000000000000000000000000000000000000
000000000000",
"extraData": "0x0",


"gasLimit": "0x4c4b40", "difficulty": "0x400",
"mixhash": "0x0000000000000000000000000000000000000000000000000000000
000000000",
"coinbase": "0x0000000000000000000000000000000000000000",
"alloc": {
}
}
```

このファイルをデスクトップに保存し、genesis765.jsonという名前を付ける。

JavaScriptコンソール（第6章で使用したものと同様）で、新しいチェーンを開くには、ターミナルを開き、以下の6個の要素を1行に入力する。

- geth
- console
- --networkid

●--datadir
●新しいチェーンの保存先となるデータディレクトリ
●genesisファイルへのパス

後でチェーンの保存先として~/.ethereum/chain765という隠しディレクトリを作成する。ターミナルコマンド全体は、次のようになる。

```
geth console --networkid 765 --datadir ~/.ethereum/chain765 ~/Desktop/gen
esis765.json
```

NOTE

新しいチェーンのコンソールでethと入力すると、使用可能なJavaScriptメソッドのリストを参照できる。グループテスト環境では、net.peercountなどのコマンドを使用して、他の多くの人が自分のチェーンとその他の種々のチェーンでどのようにマイニングしているかを確認できる。

必要な作業はこれだけだ。新しいチェーンが稼働し、第6章の場合と同じくコンソールを使用できる。このテストネットでコントラクトを実行するには、コンソールにminer.start()コマンドを入力してマイナーをオンにする必要があることを思い出してほしい。

9.3 新しいチェーンで使用するオプションのフラグ

新しいチェーンを作成してテストネット環境をカスタマイズするときには、他のフラグを使用できる。

--nodiscover:同じgenesisファイルと同じネットワークIDを持つ人が、誤って自分のチェーンに接続するのを防ぐことができる。

--maxpeers 0:自分のノードへの接続を望むピアが何人いるのか

わかっている場合は（たとえば、教室なら学生の数は限られている）、このフラグでチェーンの参加者数の範囲を定めることができる。

--rpcapi "db,eth,net,web3"：RPCと、RPC経由でアクセスされるさまざまなWeb3.js API。

--rpcport "8080"：Gethのデフォルトポートは8080であるが、このフラグで別のポートを選択できる。

--rpccorsdomain "http://eth.guide/"：このフラグは、ノードに接続できるサーバーのドメインを指定し、RPC呼び出しを行う場合に使用する。

--identity "TestnetMainNode"：チェーンに判読可能な名前を付けることができる。こうすると、ピアのリストで判別しやすくなる。

9.4 実稼働環境でのプライベートブロックチェーンの使用

この章では、プライベートブロックチェーンという概念を、Solidityとスマートコントラクトのデプロイを学習するためのサンドボックスとして提示している。ただし、テストネットの役割からプライベートブロックチェーンを取り出して、大手企業や中小企業のコンピューティングに使用することをまじめに考えている人もいる。実際のウェブサービスを作成するためだ。

これは、イーサリアム開発者がプロトコルを設計するときに念頭に置いていたセキュリティモデルとは対極にある。実際、プライベートチェーンにはハッカーにセキュリティ侵害を起こさせるインセンティブがほとんどない。結局のところ、自分のチェーンにしろ、他のチェーンにしろ、マイニングしたトークンの価値は、ほかの人がそのマイニングに対して支払うものにすぎない。

立ち止まって、ちょっと考えてみよう。メインネットワーク、つまり本書でイーサリアムパブリックブロックチェーンと見なしているネットワークは、他のチェーンとまったく変わらない。テストネットとメインネットワークは、技術的には区別が付かない。ただし、参加者の数が異なり、一方がメインパブリックチェーンとして社会的に受け入れられているという事実もある。ここで驚くようなら、イーサリアムのうたい文句を忘れてしまっている。あらゆるものを一般化し、プロトコルを特徴のないものにしておくということだ。

メインネットワークの何がメインなのかと言うと、ヴィタリック・ブテリン氏と他のイーサリアムコア開発チームによって開始された（のちにフォークした）という事実があるのだ。それは、メインチェーンがずっと使用されるようにしている人たちの信頼であり、関心であり、好奇心にすぎない。

MistやGeth内には、プロトコルフォークで変更できないような技術的特徴はない。変更されれば、新しいチェーンがメインチェーンとなる（実際、これは2016年夏のDAOハックインシデント後に起き、イーサリアムクラシックと呼ばれる「古い」チェーンが残された。それは、今でも一部のマイナーによって引き続きマイニングされている）。

これは、イーサリアムがもともと備えている柔軟性および非永続性であり、それがネットワークを弾力性のあるものにしている。この種の機動性はネットワークの初期段階には求められるのだが、今後、ネットワークの規模が拡大し、ユーザーが将来性や信頼性を求めるようになるにつれて、その魅力はますます失われていくだろう。やがて、ネットワーク全体の大きさのために、状態フォークがうまく機能することは、ほぼ不可能になる。別のイーサリアムチェーンが現れる可能性は、ますます低くなるのだ。

実際、イーサリアムがミッションクリティカルで大規模なビジネスロジックコントラクトの実行に耐えるようになるまでには、まだ成熟を必要とする。それでも、信じられないほど使いやすいことを考えれば、なぜイーサリアムおよび同種のネットワークが柔軟性に乏しく、古くなったHypertext Transfer Protocolと置き換わる運命にあるかが、わかるようになる。

9.5 まとめ

使いやすく保証もあるプライベートブロックチェーンとパーミッションドブロックチェーンがあるのに、なぜパブリックチェーンを持つのか。なぜ大手企業は世界に散らばる自社のオフィスに大規模なノードネットワークを展開し、専用のプライベートイーサリアムネットワークを構築しないのか。

短く答えれば、大規模な組織にとって分散型インフラストラクチャー上に構築するほうが簡単で安いからということになる。構築と保守の費用がかからないのだ。さらによいのは、その保護にも費用がかからないことだ。組織がノードを追加していけば、それだけネットワーク自体が安全になる。

実際、価値の高いトランザクションにとっては、パブリックチェーンのみが本当に信頼できるものである。パブリックチェーンのみが非常に多くのプルーフ・オブ・ワークによって保護されるからだ。ユーザーなら誰でも知っていることなのに、プライベートやパーミッションドのEVMインスタンスは、公正さや信頼性を失うような方向へと変更されている。パブリックチェーンでは、すべてのマイナーがプロトコルフォークを開始しなければ、ネットワーク全体が有効にならない。

次章では、個人と企業がパブリックチェーンに何を構築しようとしているのかを説明する。

第10章 イーサリアムの応用領域

プルーフ・オブ・ワーク、非集中化、
Merkleツリー、Patriciaツリー、
非対称型暗号、スマートコントラクト…
このような要素から、何を作ることができるだろうか。

イーサリアムが本当に有用で画期的なものであるかどうかは、他のネットワークプロトコルと同じ条件で評価するのが一番である。テッド・ネルソン氏が1965年、ザナドゥ計画で「ハイパーテキスト」という言葉を作ってから、ずいぶんと長い時間が経った。なぜHTTPとその兄弟であるHTMLが人々の間で人気を得たのか、忘れてしまうほどだ。当時、ウェブサーバーからページをリクエストするGETという1つだけのメソッドがあり、応答できたのはHTMLページだけだった。[※1]

多くの点で、イーサリアムネットワークは今日、1989年当時のHypertext Transfer ProtocolおよびHypertext Markup Languageと同じステージに立っている。何をもたらしたかよりも、存在そのものが恩恵である。そういうわけで、ネットワークの第1弾は1つの芸しかできないポニーのように感じられるだろう。その後に第2弾、第3弾と続くと、一見仕様にまとまりがないよ

※1 W3.org、「W3 History(W3の歴史)」、2016 https://www.w3.org/History/19921103-hypertext/hypertext/WWW/Protocols/HTTP.html

うでも、非常に高度なソフトウェアが生み出される。

この章では、どのようなアプリケーションが生み出されようとしているのかを中心に説明する。

10.1 至るところにチェーン

暗号通貨の過激主義者にとって、未来はブロックチェーンでいっぱいだ。ほかの技術パラダイムもすべてブロックチェーンに置き換わると想像しているだろう。しかし、こうした未来がやって来ることは決してない。たいていのものは、従来のデータベースで間に合うからだ。ただ、これらのステートフルネットワークから、今日のソフトウェア開発者と設計者が予見できないような新しい対話方法が生まれるはずだ。また、このような対話方法は人間だけでなく、これまでになく自由に機能するマシンをも網羅するものとなる。今後、日常的に技術と触れ合ううえで、その表面下ではイーサリアムプロトコルが実行されている可能性がある。以下のセクションでは、この未来がどのように発展していくのかについて述べる。

10.2 イーサリアムのIoT

大手ハードウェアメーカーにとって、モノのインターネット（IoT）の業界標準を決めることは難しい。イーサリアムは、誰でも使用できる安全で所有者のいないプロトコルを提供している。その結果、IoTに恩恵をもたらすと広く考えられている。イーサリアムネットワーク上でのIoT対話の例としては、以下のものがある。

●**デバイス間支払いポリシー**：5ドルまでなら許可がなくてもスマートフォンで

支払いができるようにするとしよう。このような合意は今日のモバイルアプリケーションに対するエンドユーザーライセンス契約（EULA）と大差ないが、EULAにはお金を移動する権限は与えられていない。スマートコントラクトでは、合意の条件をカスタマイズすれば、自分が必要なものをスマートフォンに認識させて購入できるようになる。たとえば、LTEプランでデータを使い果たしても、スマートフォンは追加の帯域幅に対して支払いを行うことができ、価格の交渉さえ可能だ。しかも、購入の「承認」が中断されることがない。

- **価値契約または金融契約の小売オブジェクトへのエンコード**：製品写真や商品棚に並べる物理的な品がなければ、音楽やビデオなどの知的財産を売買するのは難しい。同じことが金融商品にも言える。抽象的な商品なので市場で売買するのは簡単ではない。大きさと形状を問わないギフトカードのようなオブジェクトを使用すれば、金融商品とサービスを販売できる。単に、コントラクトアドレスをアイテムにプリントまたはエンコードするだけだ。
- **ハードウェアウォレット**：ビットコインやイーサ用のハードウェアウォレットとして市場で売買されているデバイスのような小型のコンピューターを目にしたことがあるかもしれない。ハードウェアウォレットは、USB駆動デバイスだ。コンピューターに接続し、インターネット接続を使用してブロックチェーンにアクセスする。他のノードと同じく、ハードウェアウォレットは自らアドレスを作成し、ハードウェアのしかるべき場所にプライベートキー（もちろん暗号化済み）を保存する。メディアを安全に保持すれば、ハードウェアウォレットは財産管理に革命をもたらすものである。多数の暗号資産を自分で安全に保管できるからだ。

NOTE

ハードウェアウォレットは一般に、スマートフォンやPCにコインを保存するよりも安全である。スマートフォンやPCの場合、保存していることを忘れ、コインを誤って失ってしまう可能性がある。たとえば、事前にプライベートキーをバックアップしないでハードドライブをフォーマットした場合などだ。また、ハードウェアウォレットは耐久性にも優れている。さらに重要なのは、通常、監査済みのオープンソースコードと仕様から構築されることだ。これで、コンピューターやスマートフォンに感染するマルウェアからコインが守られるので安心である。

ハートウェアウォレットと、他の小売販売されているイーサリアムのデバイスを参照したい人は、次にある製品リストをチェックしてほしい。

http://wallets.eth.guide

10.3 小売りと電子商取引

イーサリアムブロックチェーンとビットコインブロックチェーンは、通常の小売商品の購入方法を変えようとするものだ。

- **ピア・ツー・ピアマーケットエスクローコントラクト**：エスクローコントラクトは、買い手と売り手が互いを知らないか信頼していないマーケットで使用される。エスクローコントラクトでは、アイテムを購入する場合、買い手も売り手もその購入アイテムと同額の担保を差し出す。担保は、トランザクションが信頼できるようにするために委託される価値があるものとする。アイテムが提供されたことを買い手が確認した後にのみ、担保が買い手と売り手に戻される。これにより、一方が他方をだまそうとしても、結局は双方ともだまして得た金額とほぼ同額を失うことになるという、実に不合理な状態になる。
- **公共の場所において、機械でも読めるパターン**：プログラミングには、プルリクエストという概念がある。1人の協力者が自身の書いたコードをマージするようにプロジェクト管理者に要求することだ。請求書が支払いのプルリクエストであるとしよう。衣服や名札に機械にも読めるコードを付けると、小売りスペースの顧客は製品やサービスとやり取りして、受動的に請求を受けることができる。しかも、請求は解決されるという保証がある(おそらく、スマートコントラクトを担保に差し出すという形になる)。

10.4 コミュニティーと政府の融資

スマートコントラクトの登場によって、住宅ローンから国債にいたるまで、あらゆる融資の方法が根本的に変わる可能性がある。米国では、2012年に成立したJOBS Actを利用して、小規模ビジネスの資金調達に対する制限が緩和されている。この法令の第3項(クラウドファンドアクトと呼ばれる)は、企業がクラウドファンディングを使用して有価証券を発行できるようにするもので、2016年5月16日に施行された。

- **クラウドファンディング**:暗号通貨は非常に流動性があるため(アカウント間の送信が高速かつ簡単)、クラウドファンディングキャンペーンで寄付する際の通貨単位としてよく選択されるようになっている。米国でエクイティクラウドファンディング法が成立したことで、新しいプロジェクトに寄与する後援者のために、イーサリアムスマートコントラクトを使用してあらゆる種類のインセンティブや支払いや配当の構造が作られる可能性がある。イーサリアムプロジェクト自体のクラウドファンディングは、ビットコインで1800万ドルの寄付を集めた。オープンソースプロトコルに寄付してその普及に一役買い、非営利財団を運営するという前代未聞の戦略の先駆けとなった。同じようなクラウドファンディングのパラダイムを使用すれば、橋や公園など地方の公共事業にどのように融資できるのか、容易に想像がつくだろう。

- **連邦通貨発行**：世界各地の中央銀行も小売銀行も、デジタル通貨の発行に関心を寄せてきた。連邦政府がチェーンのマイニングを開始し、そのネットワークでネイティブの法定通貨を発効して、プライベート通貨の先をいってしまう可能性がある。

10.5 人間と組織の行動

大きな組織に属さない人でも、以下の範疇でイーサリアムの恩恵が受けられる。

- **フリーランス雇用**：イーサリアムには会計サービスとしての役割があり、遠方のフリーランサーチームを管理するには理想的なものである。そのうえ、コントラクトを使用すると、社内の組織構造を変更することなく、新しいチームを編成したり、既存の２つのグループを連携させたりできる。
- **プライベートな交通など**：ライドシェアや民泊、バイクシェアの利用において、初めての相手に支払いを行うのが簡単かつ安価になる。誰がグループを管理しているかは問題にならない。グループメンバーが週や月をまたいでも、一貫性のあるウォレットアドレスを使用している限り、包括的な評判システムを構築する必要もない。

NOTE

イーサリアムネットワークの初年度に、分散型自律組織（DAO）という概念を巡って一騒ぎがあった。フォーチュン500企業の経営コンサルタントなら誰でも言うことだが、規模を問わずあらゆるビジネスがすでに高度に自動化されている。この自動化はいずれイーサリアムですべて実現されるだろうが、そのときまでDAOは広く認識され、より実践的な議論に進んでいくはずだ。

●**顧客と従業員の「パルス」調査**：パルス調査という概念は、正確に言えば、何も問題が起きていないことを確認するために、重要な利害関係者と定期的に連絡を取ることだ。定期的に連絡を取ることで、従業員も顧客も恩恵を受けることができるのに、それがなかなか難しい。顧客に関して言えば、これはマーケティングの課題だ。顧客のスマートフォン画面にスペースを確保しようと思えば、電話番号を把握する必要があるし、各ユーザーのデバイスにモバイルアプリケーションをインストールしてもらう必要がある。人事部門からすれば、この問題はなおいっそう扱いにくい。従業員は、終日屋内で過ごし、実際に何が起きているのかを本音で語らないかもしれない。イーサリアム対応のウォレットをアプリケーションと捉えてみると、あらゆる種類のメッセージングにとってトロイの木馬になる。複数のサブ通貨とコミュニティーで使用すれば、ウォレットはトラフィックの多い仮想空間になる。そこでは情報だけでなく、支払いやトークンや通貨も送受信できる。

●**小さな企業でも大きなことができる**：これまで、銀行や保険会社やその他の機関は、信頼性を最大限に高めようと、可能な限り規模を拡大しようとした。多くのサービスが、おそらくは行政さえも、ＥＶＭによって提供されれば、未知の起業家と取引する際のしきい値は自然と低下する。現金を持ち逃げされるリスクがないのだから、クラウドファンディングのイベントに投資したり参加したりしてみたらどうだろう。パブリックチェーンスマートコントラクトが備える透明性、予測可能性、および公共性により、詐欺と横領がほぼ不可能になった世界では、資金を必要とする人への援助が大幅に簡単になる。

10.6 金融と保険への応用

銀行が担ってきた職務のいくつかを、小規模企業でもイーサリアムネットワークで行えるようになる可能性がある。

- **あらゆる銀行業務が、純粋なソフトウェアによって個別サービスとして提供される**：個別に提供できる金融サービスとしては、補完通貨、普通預金口座、エスクローアカウント、委託、遺言に加え、スワップやデリバティブ、ヘッジングなどのさまざまな金融契約がある。
- **お金を作業対象とする半金融アプリケーション**：従業員の仕事の成果の証明をコンピューターで確かめることができれば（たとえば、データベースでその従業員の販売記録を調べられれば）、アプリケーションにより、従来の給与システムの外部にある動的条件でボーナスの公正さを証明できる。これらのシステムが雇用契約（これもスマートコントラクト）を参照することもあるだろう。
- **収穫保険**：商品取引業者は、原資産として農作物に基づく先物やその他のデリバティブを取引するのを好む。イーサリアムネットワークに独立したセンサーモーターを接続すれば、温度や気圧、湿度など科学的に観測可能なデータを収集する。これにより、どこまで気象データを集めれば、契約を結んで支払いを受けられるかがわかる。
- **コミュニティー委託**：純粋なソフトウェアで貯蓄銀行を記述すれば、ある顧客が別のファンドに資金を提供できるようになる。口座から担保やローン支払いを引き出す権限をスマートコントラクトに持たせれば、このような貯蓄銀行をトラストレスで実行できる。保管口座やその他の特殊なケースの場合には、マルチシグネチャーアドレスにより、人間の仲介者が間違いなく承認したことが保証される。

10.7 在庫システムと会計システム

パブリックチェーンにはこのほかにも、サプライチェーンで役に立つ領域がある。物品の在庫を改ざんすることができないのだ。

- **金庫に保管されている金などの資産を通し番号で表す**：銀行の金庫に金を保管したとする。その金は翌年も本当にそこにあるだろうか。どうすればそれがわかるだろうか。多くの銀行が部分準備制で預金を貸し出しているため、通貨や貴金属が実際に保管されているとわかれば一安心だ。金や銀やその他の証書がブロックチェーンに記録されるので、所有者は万一銀行が破綻しても自分の財産が「損失負担」で失われることはないと安心できる。
- **商品の来歴を証明する**：製品の各部品を、担当するすべてのブランド製造業者（OEM）がブロックチェーンに記録すれば、その製品がオリジナルの機器なのか、それとも変更や修理が施されたものなのかを確認できるようになる。
- **簡単な会計作業を行うトークンシステム**：イベント（たとえば、史上最大のベイクセール）が発生したら、トランザクション台帳の帳尻を合わせる必要がある。それを簡単に行う方法の1つに、そのイベントで買い物できる券として機能するトークンを作成するというものがある。入り口にスマートコントラクト端末を設置して、来場者にある程度のトークンを配る。トークンは、イーサと引き換えにベイクセールで使うことができる。イベントが終了すると、購入したカップケーキの合計が他の購入品とともにコントラクトによって簡単に記録されるため、ベイクセールの運営者はどのくらいの利益になったかをすぐに確認できる。

10.8 ソフトウェア開発

イーサリアムの最も破壊的な可能性は、間違いなく、ソフトウェアとサービスをホスティングできることにある。

- **クラウドコンピューティング**：データストレージがEVMにやってきたら、このネットワークはようやく本格的なウェブアプリケーションホスティング環境のようなものになる。分散コンセンサスプロトコルは、その信頼不要のアーキテクチャーによって、優れたクラウドコンピューティングプラットフォームになる。データを保護したり大量のトラフィックを処理したりする複雑なネットワーク構成について心配する必要がない。このようなシステムがあらゆる種類のアプリケーションに適しているとは限らないが、並列化が容易なソフトウェアであればそれも可能だ。
- **長期的なアプリケーションホスティング**：金融契約の中には、タイムカプセルのように記述されたものがある。しかし、50年や100年経ってもコンピュータープログラムが引き続き実行されるようになっていることを確認するにはどうすればよいか。その方法の1つに、公共サービスとして開発するというものがある。ドキュメントをホスティングできるので、この先自分がいなくなっても、ネットワークは間違いなく稼働していく。
- **安価かつ弾力的で検閲無用のパブリックドキュメントホスティング**：出生証明書、納税申告書、裁判召喚状、入国審査用紙、診療記録などの非構造化データできわめて重要なドキュメントを簡単に暗号化してブロックチェーンに保存できる。第三者が検索して取得することも可能だ。今日、民間組織がほとんどの身元調査と信用調査を担当している。これは、控えめに言っても問題がある。パブリックチェーンなら「永続するウェブ」になり得る。こうしたドキュメントを子孫のためにホスティングしておくことができる。

10.9 ゲーム、ギャンブル、投資

すでに、ブロックチェーン開発者は運がものをいう公正なゲームを数多く開始している。ネットワークの能力を実証するのが狙いだ。今後、この種のアプリケーションは。以下のシナリオまで広がる可能性がある。

- **ピア・ツー・ピアギャンブル**：法律にかかわらず、地理的に広範なギャンブルネットワークをセットアップするのは難しい。賭け元を信用して多額のお金を保有する人などほとんどいないからだ。純粋なソフトウェアで賭けを作成するというのは、スマートコントラクトを説明するうえでの王道なのだが、イーサリアムならいとも簡単に片付く。たとえば、単にナンスの価値やこのような他のランダムなイベントに賭けるだけという賭けコントラクトがあり、チェーンがコンセンサスを維持すると、そうした賭けが行われると想像すればよい。
- **予測市場**：予測市場は、大規模な賭け市場を使用して、あるイベントの結果を判断しようとする。自らを自動化して効率を高めようと予測市場に基づいて意思決定を下す政府をフュターキー（市場政治）という。
- **価値の安定した暗号資産**：暗号通貨は、大きく変動することで悪名高い。人々が安定した資産を蓄えて子供に残せるようにすること。これは、どの金融機関もまだ手をつけていない課題である。

これを見れば、イーサリアムネットワーク上のスマートコントラクトと分散型アプリケーションで何を構築できるかはわかるが、ここに挙げられているのはほんのごく一部にすぎない。

10.10 まとめ

今はまだ、分散によって可能になるアプリケーション開発という新しい世界の始まりにすぎない。分散型アプリケーションの例と概念については、次のURLを参照してほしい。

http://dapps. eth.guide

次章では、イーサリアムネットワークの未来について取り上げる。今後のコンポーネントとその開発を導くロードマップを紹介する。

第11章 イーサリアムが約束する未来

イーサリアムプロトコルは
どこから生まれ、どこへ向かっているのか。
イーサリアムが約束する未来とは何か。
最終章で見通してみる。

イーサリアムとSolidityを紹介する本であれば、ヴィタリック・ブテリン氏の周りで生まれつつある個人崇拝に触れずに終わるわけにはいかない。氏は、イーサリアムの発明者であり、他の有名なブロックチェーンプロジェクトの数少ない協力者の1人でもある。

11.1 誰がソフトウェア開発者を分散化の世界に導いているのか

ブテリン氏を一番よく説明しているのは、2014年の春にモーガン・ペック氏がオンラインマガジンBackchannel（バックチャネル）に寄せた文であろう。※1 この記事は、著者がこのイーサリアム共同設立者に初めて会ったときの様子を次のように伝えている。

※1　Backchannel（バックチャネル）、「The Uncanny Mind That Build Ethereum（イーサリアムを構築する不可思議な精神）」、https://www.wired.com/2016/06/the-uncanny-mind-that-built-ethereum/、2016。

ブテリン氏だけが目を覚ましていた。外のデッキチェアに座って、なにやら熱心に作業していた。私は彼の邪魔にならないようにしていた。挨拶はなかったが、そのときの印象は忘れない。このやせ細った19歳の少年は、全身が骨と皮といったところで、まるでカマキリのようにラップトップに覆い被さり、信じられないほどの速さで器用にキーを叩き続けていた。
そもそもなぜみんなそこにいたのか。それは彼がいたからだ。2か月前にホワイトペーパーを公開し、きわめて野心的な技術について説明した。停止することなく仲介者不在でデジタル支払いを可能にするというビットコインのミッションの先に思いを馳せ、あらゆる種類の自律ソフトウェアにとってのプラットフォームとはどういうものかを描き出した。

このオープンソースネットワークプロトコルの動きの中心にあるのは、ただブテリン氏の知的なリーダーシップだけである。HTTPウェブをよりよいものに置き換えるというプロジェクトの野心には驚いたが、それを別にすれば、おそらく氏のリーダーシップで最も衝撃を受けたのは、その機敏さであろう。

イーサリアムプロジェクトが開始されたのは2014年。2015年までに運用が始まり、2016年にはビットコインに次いで暗号通貨ネットワークの第2位になった。イーサリアム財団のメンバーがすべて記載されたリストは、ここで確認できる。

https://www.ethereum.org/foundation

コア開発チームが他のコンポーネントも展開するようになれば、イーサリアムはよく知られ、人気があるウェブアプリケーションと同等になる。しかも、これまでの章で説明してきた驚くべき新しい機能セットを備えているのだ。

この章では以後、イーサリアムのロードマップと、まだ解決されず構築されていないコンポーネントをいくつか取り上げる。

ここでいったん立ち止まって、数学や経済、ビジネスの見地から、イーサリアムネットワークの背後にある基本原理を掘り下げたいなら、イーサリアムブログがよいだろう。長文で奥深いエッセイを見つけるのにイーサリアムブログほど最適な場所はない。このブログでは、ブテリン氏がプロトコルの中心概念のいくつかについて自分の考えを明確に述べている。

ブテリン氏が技術ブログに投稿したベスト記事と、面白そうなブログをいくつか示す。

https://blog.ethereum.org/2015/06/06/the-problem-of-censorship/

https://blog.ethereum.org/2015/04/13/visions-part-1-the-value-of-blockchain-technology/

https://blog.ethereum.org/2015/04/27/visions-part-2-the-problem-of-trust/

https://blog.ethereum.org/2015/01/10/light-clients-proof-stake/

https://blog.ethereum.org/2015/01/23/superrationality- daos/

イーサリアムエコシステムに貢献する個人と企業の詳しいリストを参照するには、ここにアクセスしてほしい。

http://ecosystem.eth.guide

11.2 イーサリアムのリリーススケジュール

現代のサーバーアプリケーションは、3つのことを正しく行っている。プログラムを計算し実行すること、データを記憶すること、人間とのやり取りを簡単にすることである。今日、イーサリアム仮想マシンは計算はできるが、あまり多くのデータを保存できず、人と人の間のメッセージングの仲介役として機能できない。

偶然にも、あとの2つのコンポーネントは進行している。短期のイーサリアムロードマップは、主に次の3つのコンポーネントで構成されている。

- **EVM：分散型状態**
- **Swarm：分散型ストレージ**
- **Whisper：分散型メッセージング**

▶11.2.1 | Whisper（メッセージング）

Whisperは、イーサリアムプロトコルに含まれる分散型メッセージングシステムで、バックエンドにEVMを使用するウェブアプリケーションから使用できるようになる。本書のこれまでの章では、メッセージはスマートコントラクト間で渡されるデータオブジェクトだとした。それとは異なり、Whisperではメッセージを昔ながらのやり方で使用している。つまり、1人の人間がネットワークプロトコル経由でほかの複数の人間と通信する。

▶11.2.2 | Swarm（コンテンツアドレッシング）

Swarmは、コンテンツアドレッシングアカウンティングプロトコルである。改ざん不可のデータを扱い、そうしたデータをシャーディングして分散ネットワーク全体に格納する。これで、アプリケーションは必要なときにそのデータをすぐに取り出せるようになる。Swarmの目的は、さまざまなバージョンのファイルを同じメモリーアドレスで検索できるようにすることだ。フォルダー構造になっている今日のURLのドメインパスと同じように機能する。

なお、このアドレッシングプロトコルは特定のハードウェアに依存しないことに注意してほしい。単に、データの塊がどこに保存されているかを示す索引の役割を果たしているだけだ。この塊を保存するというシナリオは分散システムによく応用されるもので、Swarmであれば、BitTorrentが他に先駆けて成し遂げたいくつかのイノベーションのおかげで、それがさらに簡単になる。Swarmが待てないのなら、Interplanetary File System (IPFS)という既存の分散型ファイルストレージプロトコルをチェックしてほしい。これは、イーサリアムの分散型アプリケーションで機能させることもできる。

今が2020年で、Mistブラウザーでイーサリアムアプリケーションにアクセスしたとしよう。この頃までには、判読可能な名前空間システムが導入されているとしよう。イーサリアムは、独自のドメイン名検索システムを備えたウェブと完全に同等である。次に、データ取得プロセスがSwarmプロトコルを使用してどのように分散型アプリケーションを操作するかを示す。

1.Mistでアプリに移動する。イーサリアムドメイン名を入力する。
2.ドメインがSwarmハッシュに変換される。
3.Swarmが、このハッシュにリンクされているHTML/CSS/JSファイルを取得する。
4.このハッシュにリンクされている新規ファイルへの要求により、最新のデータがそのままロードされる。

ユーザーにとって、この経験は既存のウェブアプリケーションを使用するのとあまり変わらない。ただし、ここでの目的は次のようなP2Pストレージを実現することである。DDoS(意図的な過負荷によりサーバーやサービスを利用不可能にする攻撃)に耐性があり、100%の可用性を実現し、各種のクライアントからプログラムで簡単にアクセスしてあらゆる種類のストレージネットワーク上のファイルにアクセスできるというものだ。

Swarmについては、このサイトで詳細を学ぶことができる。

http://swarm-gateways.net/bzz:/swarm/#the-thsph-orange-paper-series

11.3 今後どうなるのか

2016年の春に、ブテリン氏が「Mauve Paper(薄紫の紙)」というおどけたタイトルの新しいホワイトペーパーをリリースした。このホワイトペーパーで、氏はその後のイーサリアムロードマップの主な焦点を6つ挙げて明快に説明している。

- **プルーフ・オブ・ワークからプルーフ・オブ・ステーク・コンセンサス・アルゴリズムへの移行。コンセンサスシステムとして、プルーフ・オブ・ワークは効果的であるが、電力消費に費用がかかる。マイニングなしでコンセンサスを保護すれば、電気の無駄も、(マイニング報酬により)インフレしていくようなトークン発行方法の必要性も減る。**
- **プルーフ・オブ・ステークによってブロック時間が短くなるはずだ。そうなれば、データの粒度が大きくなって効率が向上する。しかも、セキュリティを失うこともなく、集中化のリスクを伴うこともない。**
- **経済の完成形。第3章で説明したように、企業に対してイーサリアムが約束する未来は、取引決済の完成形となる分散システムだ。プルーフ・オブ・ステーク・システムでは、バリデーターノードはブロックに「完全にコミット」することが求められるようになるだろう。つまり、バリデーターノードが秘密裏に連携して偽のブロックを伝播すれば、自らETH残高を失うことになるのだ(数百万ドルに上る可能性もある)。**
- **フルノードに今日のようなコンピューティングリソースが必要な場合、スケーラビリティーが問題になる。1GBものDAGファイルのようにブロッ**

クチェーンの規模が大きくなったり、CPUやGPUが大量に必要になったりすると、スマートフォンやその他の低電力デバイスでイーサリアムノードデーモンが正常に機能しなくなる。スケーラビリティーに関するチームのホワイトペーパーを読むには、次のURLにアクセスしてほしい。
https://github.com/vbuterin/scalability_paper/blob/master/scalability.pdf
もう1つ、スケーラビリティーについてぜひ読んでほしいのが、いわゆるチェーンファイバーの使用に関するものだ。次のURLにある。
https://www.reddit.com/r/ethereum/comments/31jm6e/%20new_ethereum_blog_post_by_dr_gavin_wood/

- スケーリングの重要な要素にはさらにもう1つ、ブロックチェーンデータをシャーディングしてクロスシャーディング通信を有効にすることがある。シャーディングは、単一の大きなデータの塊を複数のデータベースに分散するプロセスである。必要に応じて再度組み立てることができるようになっている。ブロックチェーンはシャーディングしない。ただし、EVM状態のさまざまなパーツをそれぞれ異なるノードに保存し、そこで各パーツに対処できるアプリケーションを構築できるようにするべきだ。
- 検閲への耐性を持たせること。プルーフ・オブ・ワーク方式では、特定のトランザクションが最終状態に達しないようにするために、バリデーターノードがシャード全体で秘密裏に連携するという形を取る。これはすでにイーサリアム1.0に存在するが、今後のリリースで強化される予定だ。

NOTE

ヴィタリック・ブテリン氏の文書「Mauve Paper」は、翻訳時点ではすでに、イーサリアム2.0を見通す新バージョンが公開されている。大きな考え方は変わっておらず、6つのポイントが解説されている。(監訳者より)
https://cdn.hackaday.io/files/10879465447136/Mauve%20Paper%20Vitalik.pdf

11.4 その他の面白そうなイノベーション

イーサリアムチームがEVMで実現したいビジョンに向けて邁進する中、イーサリアム開発者コミュニティーは独自のソリューションを試している。今後期待される技術イノベーションのうち、注目を集めているのは以下のものだ。

- **状態チャネル**：マイクロペイメントチャネルと同じく、状態チャネルは2つのブロックチェーンベースのデータベースをリンクするものだ。これにより、メインチェーンがトランザクションを処理するのを待たずに、台帳が同期されて更新される。この仕組みの詳細は、次のURLをチェックしてほしい。
  https://www.jeffcoleman.ca/state-channels/
- **軽量クライアント**：軽量クライアントであれば、スマートフォンやその他の低電力コンピューターでも、Merkle Patriciaツリーやその一部を使用して、特定のトランザクションが本当にブロックにあることを示す証明を構築できる。これにより、ブロックチェーン全体をダウンロードして同期する必要がなくなるが、引き続きトランザクションを検証し、送信し、受信できる。
- **イーサリアム演算市場**：演算市場は、一部のトランザクションをオフチェーンで行い、後でパブリックチェーンに戻すことができるようにするための1つの方法である。このアプローチを試しているプロジェクトの1つがここにある。
  https://github.com/pipermerriam/ethereum-computation-market

11.5 イーサリアムロードマップの全体像

ソフトウェア開発は予測不可能なプロセスとも言えるが、イーサリアム開発者は実に巧みにタイムラインマイルストーンに沿って作業している。

NOTE

原著書では、2016年までの出来事を記した後、2017年以降を未来としてマイルストーンを示しているが、2017年以降は大きく変わったため、翻訳段階（2019年初頭）の最新情報を踏まえて、補足している。（監訳者より）

▶11.5.1 フロンティアリリース（2015年）

フロンティアには主要な目標がいくつかあり、そのすべてがスケジュールどおりに達成された。この段階のイーサリアムでは、何事もコマンドラインを介して行われた。当時の優先順位は以下のとおりだ。

- **マイニング操作を稼働させる（報酬レートは減額）**
- **イーサを暗号通貨交換所に上場する**
- **分散型アプリケーションをテストするライブ環境を確立する**
- **イーサを獲得するためのサンドボックスとフォーセットを作成する**
- **人がコントラクトをアップロードして実行できるようにする**

▶11.5.2 ホームステッドリリース（2016年）

ホームステッドリリースにより、Mistブラウザーが登場して、主流の暗号通貨信奉者がさらに増えた。このリリースの特徴は以下のとおりである。

- イーサマイニングの報酬レートが最大100%になる
- ネットワークが停止しない
- ほぼベータに近いステータス(警告の数が少なくなる)
- コマンドラインとMistに関するドキュメントが増えた

▶11.5.3 メトロポリス(2017〜2019年)

メトロポリスは、当初2017年にリリースされるはずだったが、大幅に遅延し、2段階(+α)に分割された後、2019年3月1日にようやく2段階目の後半がリリースされた。

前半の「ビザンチウム」では以下のアップデートが行われた。

- 匿名なトランザクションを可能にするzk-SNARKsの導入
- ネットワークのセキュリティ強化
- スマートコントラクトのセキュリティや効率性の改善
- プルーフ・オブ・ワークからプルーフ・オブ・ステークへの移行準備(マイニング報酬の減少 5ETH→3ETH)

後半の「コンスタンティノープル」(それに加えて一部機能を無効化する「サンクトペテルブルク」が同時に実装された)でのアップデートは次のとおりだ。

- 状態チャネルのための重要機能追加
- スマートコントラクトの効率改善
- プルーフ・オブ・ワークからプルーフ・オブ・ステークへの移行準備(マイニング報酬の減少 3ETH→2ETH)

▶11.5.4 セレニティ(2019年以降)

この段階がセレニティ(「平静」を意味する英語)と呼ばれるのは、この段階で計画されている移行に由来している。プルーフ・オブ・ワークからゆったりとしているもの、理想としてはプルーフ・オブ・ステーク・アルゴリズムのようなものへと移行することが計画されているのだ。プルーフ・オブ・ステークに移行することにより、イーサリアムの抱えるスケーラビリティー問題を大きく改善することが主な狙いだ。今のところ、イーサリアムのPOSベースのコンセンサスエンジンに付けられた暫定的なコード名は、Casper(キャスパー)である。※2 イーサリアム発明者のヴィタリック率いるCasper FFGと、Ethereum Foundationの研究者ブラッド・ザムフィアーが率いるCasper Ghost CBCの2プロジェクトに分かれて開発が進められている。それぞれが別々のアプローチを取っているが、最終的には2つのプロジェクトの知見を統合したものが完成版となるかもしれない。

セレニティがリリースされ、プルーフ・オブ・ワークが終了する頃には、世界はどのようになっているだろうか。それに答えるのは難しいが、イーサリアムやビットコインやその他のクリプトネットワークがビジネスITに与える影響なら、いくつか公正に予測できる。

11.6 イーサリアムの約束

20世紀の優れた経済学者の1人ロナルド・コース氏は、企業の第一の存在意義は仕事を依頼する相手を探すために毎日市場に出かける「取引コスト」を回避することにあるという洞察で有名である。企業は長

※2 イーサリアムブログ、「Introducing Casper, the Friendly Ghost(Casper(かわいい幽霊)について)」、https://blog.ethereum.org/2015/ 08/01/introducing-casper-friendly-ghost/、2015。

期的な雇用契約を結んで効率を高める。しかし、このような官僚的プロセスは、数十人の労働者からなるグループであれば効率が向上するだろうが、規模が大きくなれば障害物となって、大手企業は動きが鈍くなり、競争力がなくなる恐れがある。その結果、最低どの程度の官僚主義であれば、効率を最大限に高めることができるのか、その均衡点を探すことになる。

この20年、技術はビジネスの速度を上げてきた。企業が大規模なソフトウェアシステムの専門知識を発展させてきたからだ。最近は、これらのシステムで派遣社員やコンサルタントやフリーランサーをもっと巧みに扱えるようにしようと、多大な労力が注がれている。こうした臨時労働者により、企業は需要が発生したらチームをすばやく展開し、その後チームを解散させることができる。しかも、正規社員を解雇する必要がない。現代の企業の境界は曖昧になりつつある。ソフトウェア会社インテュイットの調査によると、2020年までに米国の労働者のほぼ40%が「派遣労働者」になるという。※3

イーサリアムは、この傾向を強めることになる。世界全体がただ1つのグローバルなトランザクション内で活動し、そのトランザクション内では信頼不要（トラストレス）のアプリケーションが動作するようになれば、オフィスビル（または仮想プライベートネットワークや企業そのもの）という閉ざされた領域はますます必要なくなる。給与体系をスマートコントラクト内の一連のif-thenステートメントで簡単に構成できれば、給与とボーナスとの違いは曖昧になる。企業の信頼性や重要性を考えるうえで、その企業の規模や創業年数や所在地は文化的な意味合いを持たなくなるはずだ。終身雇用者や男女問わず会社人間の時代は終焉を迎えつつある。

この変化は、行政と銀行業の上層部で認識されている。2017年1月18日、連邦準備制度理事会のジャネット・イエレン議長は、カリフォルニ

※3 インテュイット、「The Intuit 2020 Report（インテュイット2020レポート）」、http://about.intuit.com/futureofsmallbusiness/、2010。

ア・コモンウェルスクラブで開催された炉辺談話中にブロックチェーン技術が今後どうなるかについて尋ねられ、次のように答えた。

> 連邦準備制度理事会自体がブロックチェーン技術を使用するという観点から、将来性に注目している。それは多くの金融機関も同じだ。グローバル経済で取引を清算し、決済する方法が大きく変わる可能性がある。※4

パラダイムシフトが起きつつあるのかもしれない。まずやってくるのは流動的な期間だ。個人と企業は、契約を自由に取り交わせるようになる。契約が長期に及ぶ場合もあるだろう。カウンターパーティーはほとんど必要なく、企業や行政地区の境界を気にする必要もほとんどない。まだ(しばらくの間)数百万ドルの取引がペンと紙による署名で行われるだろうが、イーサリアムマシンが定型ポリシーを実行するようになれば、1ドルから10万ドルの契約をいくつ処理できるだろうか。無駄なお金と労働時間をどのくらい節約できるだろうか。いったいどれだけ見解の相違を気にしなくてよくなるだろうか。いくつのビジネス契約がより公正で履行可能なものになるだろうか。その数は間違いなく多くなる。最終的に、それがイーサリアムが約束する未来である。

※4 YouTube、ジャネット・イエレン氏へのインタビュー、https://www.youtube.com/watch?v=ktBgb4xHKGY、2016。

■本書の内容について

●本書は2017年に発行された『Introducing Ethereum and Solidity: Foundations of Cryptocurrency and Blockchain Programming for Beginners』の翻訳書です。
本書に登場するツールや操作内容、数値などの情報は、原則として、原著執筆時点のものです。ブロックチェーン、イーサリアムの環境は目まぐるしく変わり、Solidityのコードも頻繁にバージョンアップされますので、そのまま再現できないことがあります。操作はあくまでも例として掲載しております。

●掲載URLについて
本書のプロジェクトのGithubが公開されていますが、原著者は更新や動作を保証するものではありません。
https://github.com/chrisdannen/Introducing-Ethereum-and-Solidity

また、本書のガイドとして登場する下記のようなURLのサイトは、原著発行時点で公開されたものであり、日本語制作時点では最新情報をフォローしていないようです。
http://help.eth.guide/

他のURLも、主催者の都合で変更されることがあります。

●その他、本書の内容による生じたいかなる損害について、原著者、翻訳者、監訳者ならびに発行元の株式会社インプレスは、一切責任を負いません。

あらかじめご了承ください。

Index

◆か

◆さ

◆た

◆な

◆は

◆ま

◆や

◆ら

翻訳者

ウイリング

大手IT系企業の翻訳を中心に行っている翻訳／編集プロダクション。IT系の翻訳者を多く抱え、ソフトウェア、マニュアル、ヘルプ、マーケティングマテリアルなど、多岐にわたるローカライズをグローバルに手がける。書籍の編集/DTPも行っている。

監訳者

ICOVO AG

新規プロジェクトによる資金調達のエコシステムをテクノロジーの力で健全化し、正しく普及させることをミッションに掲げて2018年、スイスに設立。投資家保護の仕組みを実装したプラットフォームICOVOを提供。透明性を確保して投資家に利益分配するプロトコル「DAICO Reflux」を考案し、そのSolidityコードをオープンソース化するなど、ブロックチェーン市場の活性化に貢献する。

STAFF LIST

カバーデザイン	岡田章志
本文デザイン	オガワヒロシ (VAriant Design)
DTP	柏倉真理子
編集	株式会社タテグミ
編集協力	伊藤真美
	高橋正和
進行	石橋克隆

本書のご感想をぜひお寄せください
https://book.impress.co.jp/books/1118101033

読者登録サービス CLUB IMPRESS
アンケート回答者の中から、抽選で**商品券（1万円分）**や**図書カード（1,000円分）**などを毎月プレゼント。
当選は賞品の発送をもって代えさせていただきます。

■商品に関する問い合わせ先
インプレスブックスのお問い合わせフォームより入力してください。
https://book.impress.co.jp/info/
上記フォームがご利用頂けない場合のメールでの問い合わせ先
info@impress.co.jp

●本書の内容に関するご質問は、お問い合わせフォーム、メールまたは封書にて書名·ISBN·お名前·電話番号と該当するページや具体的な質問内容、お使いの動作環境などを明記のうえ、お問い合わせください。
●電話やFAX等でのご質問には対応しておりません。なお、本書の範囲を超える質問に関しましてはお答えできませんのでご了承ください。
●インプレスブックス（https://book.impress.co.jp/）では、本書を含めインプレスの出版物に関するサポート情報などを提供しておりますのでそちらもご覧ください。
●該当書籍の奥付に記載されている初版発行日から3年が経過した場合、もしくは該当書籍で紹介している製品やサービスについて提供会社によるサポートが終了した場合は、ご質問にお答えしかねる場合があります。

■落丁·乱丁本などの問い合わせ先
TEL 03-6837-5016 FAX 03-6837-5023
service@impress.co.jp
（受付時間／ 10:00-12:00、13:00-17:30 土日、祝祭日を除く）
●古書店で購入されたものについてはお取り替えできません。

■書店／販売店の窓口
株式会社インプレス 受注センター
TEL 048-449-8040
FAX 048-449-8041
株式会社インプレス 出版営業部
TEL 03-6837-4635

著者、訳者、株式会社インプレスは、本書の記述が正確なものとなるように最大限努めましたが、本書に含まれるすべての情報が完全に正確であることを保証することはできません。また、本書の内容に起因する直接的および間接的な損害に対して一切の責任を負いません。

Ethereum+Solidity入門（イーサリアムとソリディティにゅうもん）
Web3.0を切り拓くブロックチェーンの思想と技術（ウェブサンテンゼロ　き　ひら　しそう　ぎじゅつ）

2019年3月21日　初版第1刷発行

著　者　Chris Dannen（クリス ダネン）
訳　者　ウイリング
監訳者　ICOVO AG（イコボ エージー）
発行人　小川 亨
編集人　高橋隆志
発行所　株式会社インプレス
〒101-0051　東京都千代田区神田神保町一丁目 105 番地
ホームページ　https://book.impress.co.jp/

印刷所　音羽印刷株式会社

ISBN978-4-295-00573-5　C3055